乡村振兴战略·浙江省农民教育培训用书

水产品药物残留快速检测技术与应用

浙江省农业农村厅 组编

浙江科学技术出版社

图书在版编目（CIP）数据

水产品药物残留快速检测技术与应用 / 浙江省农业农村厅组编. — 杭州：浙江科学技术出版社，2022.6

乡村振兴战略·浙江省农民教育培训用书

ISBN 978-7-5739-0016-6

Ⅰ. ①水… Ⅱ. ①浙… Ⅲ. ①水产品—禁用药物—残留量测定—技术培训—教材 Ⅳ. ① TS254.7

中国版本图书馆 CIP 数据核字（2022）第 059835 号

丛 书 名	乡村振兴战略·浙江省农民教育培训用书
书　　名	水产品药物残留快速检测技术与应用
组　　编	浙江省农业农村厅

出版发行　浙江科学技术出版社
　　　　　杭州市体育场路 347 号　邮政编码：310006
　　　　　编辑部电话：0571-85152719
　　　　　销售部电话：0571-85176040
　　　　　网址：www.zkpress.com
　　　　　E-mail：zkpress@zkpress.com

排　　版	杭州万方图书有限公司
印　　刷	浙江新华数码印务有限公司

开　　本	710mm×1000mm　1/16	**印　张**	13.5
字　　数	201 千字		
版　　次	2022 年 6 月第 1 版	**印　次**	2022 年 6 月第 1 次印刷
书　　号	ISBN 978-7-5739-0016-6	**定　价**	62.80 元

责任编辑　詹　喜		**文字编辑**　周乔俐	
责任校对　李亚学		**责任美编**　金　晖	
责任印务　叶文炀			

序 言

　　乡村振兴，人才是关键。习近平总书记指出，"让愿意留在乡村、建设家乡的人留得安心，让愿意上山下乡、回报乡村的人更有信心，激励各类人才在农村广阔天地大施所能、大展才华、大显身手，打造一支强大的乡村振兴人才队伍"。2021年，中共中央办公厅、国务院办公厅印发了《关于加快推进乡村人才振兴的意见》，从顶层设计上为乡村振兴的专业化人才队伍建设做出了战略部署。

　　一直以来，浙江始终坚持和加强党对乡村人才工作的全面领导，把乡村人力资源开发放在突出位置，聚焦引、育、用、留、管等关键环节，启动实施"两进两回"行动、十万农创客培育工程，持续深化千万农民素质提升工程，培育了一大批爱农业、懂技术、善经营的高素质农民，造就了一大批扎根农村创业创新的"乡村农匠""农创客"，乡村人才队伍结构不断合理、素质不断提升，有力推动了浙江省"三农"工作持续走在前列。

　　当前，"三农"工作重心已全面转向乡村振兴。打造乡村振兴示范省，促进农民农村共同富裕，比以往任何时候都更加渴求人才，更加迫切需要提升农民素质。为适应乡村振兴人才需要，扎实做好农民教育培训工作，浙江省委农办、浙江省农业农村厅、浙江省乡村振兴局组织省内行业专家和权威人士，围绕种植业、畜牧业、海洋渔业、农产品质量安全、农业机械装备、农产品直播、农家小吃等方面，编写了"乡村振兴战略·浙江省农民教育培训用书"。

本套丛书既围绕全省农业主导产业，包括政策体系、发展现状、市场前景、栽培技术、优良品种等内容；又紧扣农业农村发展新热点、新趋势，包括电商村播、农家特色小吃、生态农业沼液科学施用等内容，覆盖广泛、图文并茂、通俗易懂。相信本套丛书的出版，不仅可以丰富充实浙江农民教育培训教学资源库，全面提升全省农民教育培训效率和质量，更能为农民群众适应现代化需要，练就真本领、硬功夫，赋能添彩。

浙江省委农办主任
浙江省农业农村厅厅长
浙江省乡村振兴局局长

2022年3月

前言

　　浙江省是传统渔业大省。浙江省水产养殖业在迅速发展的同时，仍然面临环境及资源等要素的制约，尤其是粗放传统养殖模式、产品质量安全隐患和养殖户持续增收困难等问题亟待解决。如何努力推进绿色生态发展？如何促进高质量产业兴旺？如何助力农民富裕和乡村振兴？这些问题是摆在我们面前的严峻挑战，解决上述问题的关键"钥匙"——水产品质量，既是保障食用安全的基础，也是市场的核心竞争力。

　　近年来，随着免疫学、分子生物学和仪器自动化的高速发展，各种检测新技术、新方法不断涌现，包括高效液相色谱法、气相色谱法、液质联用等色谱分析法，酶联免疫吸附法、免疫磁珠技术等免疫学检测技术，聚合酶链式反应、荧光定量聚合酶链式反应等分子生物学检测技术。但这些检测方法成本较高、耗时长、操作复杂，在实际应用过程中有很大的局限性。因此，"快速、简便、特异、灵敏"的快速检测技术便成为研究的热点。诸如采用胶体金免疫层析技术对水产品中硝基呋喃类代谢物、四环素类、氯霉素、孔雀石绿等药物残留进行测定，操作简单，成本较低，可肉眼直接判读，适用于现场初筛定性检测。

　　本书阐述了快速检测技术原理，介绍了快速检测工作中"人、机、料、法、环"等环节的基本要求，包括人员培训、实验室布局、试剂耗材采购、测定设备选配、检测操作步骤、数据采集追溯、质量控制要求等方面的规范，并配以快速检测技术在水产品质量监管中的应用实例，可以作为基层快速检测工作的技术指导参考书籍。

编者

2022年3月

目 录

第一章　概述

水产养殖作为我国农业发展最快的产业之一，其产量占世界总产量的70%以上，在优化国民膳食结构和保障食品安全及出口创汇等方面做出重要贡献。随着我国水产养殖业的快速发展，水产养殖动物的数量、规模、种类不断扩增，水产养殖病害发生率也越来越高，为防治病害而滥用抗生素和工业染料类有毒有害物质，造成环境污染、水生生物生态破坏，进而威胁消费者身体健康，严重影响水产养殖产业的健康持续发展。各级政府渔业主管部门一直十分重视水产品质量安全监管，积极推进快速检测技术应用于水产品质量监控，以期高效保障水产品食用安全。

第一节　水产品药物残留危害

渔药在水产动物体内代谢不完全或在生物体内积累时，水产品的可食部分保留药物母体、代谢物以及与药物有关的杂质而产生了渔药残留。渔药大致分为抗细菌药、清毒类药、抗寄生虫药、抗真菌药、抗病毒药、环境改良剂、调节代谢和促生长药物、生物制品、免疫激活剂及中草药。目前我国重点检测高毒、高残留及有"三致"毒性的药物，如氯霉素、五氯酚、孔雀石绿、硝基呋喃类药物等。

我国GB 31650—2019《食品安全国家标准　食品中兽药最大残留限量》规定了渔药的安全限量。农业农村部公告第250号规定了动物源性食品中禁用的兽药。原农业部公告第193号规定了《食品动物禁用的兽药及其他化合物清单》，公告第176号的《禁止在饲料和动物饮用水中使用的药物品种目录》和公告第2292号等列出了相关停止和禁止使用的兽药。

水产品监测常见药物的性质和对人体的危害见表1-1。

表1-1 水产品监测常见药物的性质和对人体的危害

药物类别	药物成分及作用	主要危害
氯霉素	具有旋光活性的酰胺醇类抗生素，主要用于伤寒、副伤寒和其他沙门菌、脆弱拟杆菌感染	对骨髓造血机能有抑制作用，可引起人的粒细胞缺乏症、再生障碍性贫血和溶血性贫血
孔雀石绿及其代谢产物无色孔雀石绿	属三苯甲烷类染料，是一种实用的杀真菌剂、体外驱虫剂和消毒剂，被水产养殖业广泛用作鱼病治疗剂	孔雀石绿及其代谢物对人体有潜在的遗传毒性和致癌性
硝基呋喃类（呋喃唑酮、呋喃西林、呋喃它酮、呋喃妥因）	广谱抗生素药物，经常被加到家禽、猪、养殖鱼类和虾饲料或饮用水中来促进它们的生长，并能预防和控制由细菌或原生动物引起的肠道疾病	对人体造成的危害主要是胃肠反应和超敏反应。剂量过大或肾功能不全者，可引起严重毒性反应
磺胺类	具有广谱抗菌活性的人工合成药，主要用于预防和治疗细菌感染性疾病	会对泌尿系统产生损害，出现皮疹、药热的过敏反应，抑制骨髓白细胞的产生，形成白细胞减少症，并可直接作用于中枢神经系统，引起头痛、全身乏力等症状
喹诺酮类	具有良好的杀菌抑菌作用，作为药物添加剂广泛应用于防止畜禽及水产品的疾病感染	引起恶心、呕吐、腹泻等消化系统的不良反应；引发皮疹、荨麻疹、红斑、瘙痒等过敏反应；具有引发关节软骨疼痛的毒害作用；引发头痛、眩晕、耳鸣等神经系统的不良反应。其中，恩诺沙星和环丙沙星还能引起中枢神经系统的不良反应，而且有潜在的致癌性和遗传毒性，同时还容易使病菌产生耐药性
大环内酯类（红霉素）	具有良好的杀菌抑菌作用，作为药物添加剂广泛应用于防止畜禽及水产品的疾病感染	引发恶心、呕吐、腹痛等消化系统的不良反应，以及口唇、面部麻木，耳鸣等反应，具有耳毒性。长期使用或剂量过大时，可引发耳鸣和听觉障碍（耳毒性）、胆汁淤积性肝病（肝毒性）、过敏反应、局部刺激等毒性反应

药物类别	药物成分及作用	主要危害
激素类	包括雄性激素、雌性激素及同化激素类药。其中睾丸素的甲基衍生物属于雄性激素，水产养殖上具有促进生长激素分泌、促生长、对抗雌激素、雌性雄性化的作用	通过饲料被养殖动物摄入，再通过食物链进入人体造成危害。它具有"三致"毒性。人体长期摄入可导致黄疸、肝功能障碍、过敏、女性男性化等病变，属不得检出的违禁药品
抗病毒类	利巴韦林、金刚烷胺等，具有一定的抗病毒作用	可造成溶血性贫血，动物实验显示利巴韦林有明显的致畸性和致癌性，金刚烷胺可导致幻觉和精神错乱
五氯酚的钠盐制品	五氯酚钠又名五氯酚酸钠，属于有机氯农药，具有有机氯和酚的毒性，是一种重要的环境内分泌干扰物，作为高效、廉价的杀虫剂、防腐剂和除草剂而被广泛使用，20世纪曾用于消灭池塘、稻田内寄生血吸虫的宿主钉螺	五氯酚可经由呼吸、皮肤接触或误食导致人员伤亡。它具有毒性高、持久性长及难降解等特点，可长时间蓄积在肝、肾及脂肪中，可对人体的肝、肾及中枢神经系统造成损害，干扰内分泌从而影响免疫功能，还可能阻碍生殖发育

一、抗生素

水产中常见的禁用抗生素类药物包括氯霉素、硝基呋喃类、喹诺酮类、磺胺类、四环素类等。

1.氯霉素

氯霉素（chloramphenicol, CAP），是由委内瑞拉链丝菌产生的一种广谱抗生素（图1-1），呈白色针状或微带黄绿色的针状、长片状结晶或结晶性粉末，对革兰氏阳性菌和阴性菌均有抑制作用，可用于各类畜禽、水产品和蜂制品的各种传染性疾病的治疗。氯霉素具有严重的副作用，易在动物肉、奶、蛋制品中产生蓄积，能抑制人体骨髓造血功能，引起人体的再生障碍性贫血、粒状白细胞缺乏症、灰婴综合征（新生儿、早产儿）等疾病。低浓度的药物残留，可诱发致病菌的耐药性。氯霉素在食品中残留浓度超过1mg/kg时对食用者有严重威胁，是第一个被世界各国禁用于食品动物的抗生素。

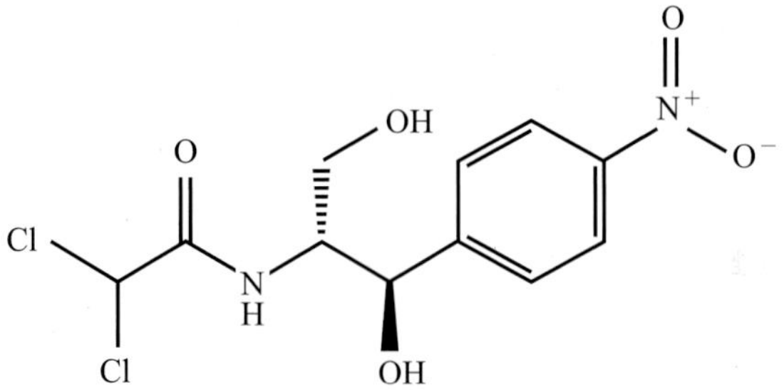

图1-1　氯霉素结构式

欧盟理事会发布的96/23/EC号指令将氯霉素列入动物性食品的禁用药物，禁止在经济鱼类（观赏鱼除外）养殖过程中使用氯霉素。美国食品药品监督管理局（FDA）规定禁止在进口动物源性食品中使用氯霉素。我国于2002年3月5日发布农牧发〔2002〕1号文件，将氯霉素及其盐、酯（包括琥珀氯霉素）和制剂列入《食品动物禁用的兽药及其他化合物清单》，并于同年12月24日发布原农业部公告第235号《动物性食品中兽药残留最高限量》，氯霉素及其盐、酯被列为禁止使用药物，在动物性食品中不得检出。

2．硝基呋喃类

硝基呋喃类（nitrofurans），是一类人工合成的抗菌药物，常见的有呋喃唑酮（furazolidone）、呋喃西林（furacilinum）、呋喃它酮（furaltadone）和呋喃妥因（furadantin）四种药物（图1-2）。硝基呋喃类药物杀菌能力强、抗菌谱广、不易产生耐药性、价格低廉、疗效好，广泛用于家禽及鱼类疾病的预防和治疗。硝基呋喃类原药稳定期只有数小时，在动物体内的半衰期短，代谢迅速，其代谢产物分别为AOZ、SEM、AMOZ、AHD，和蛋白质结合稳定，可在动物体内稳定存在数周。研究表明，硝基呋喃类药物及其代谢物对人体有致癌、致畸等副作用。

联合国粮农组织、世界卫生组织食品添加剂联合专家委员会、欧盟都已规定了禁止在动物养殖中使用硝基呋喃类药物。1995年起欧盟禁止硝基呋喃类药物在畜禽及水产动物食品中使用，并严格执行对水产中硝基呋喃类及其代谢物的残留检测，2002年美国亦随之制定相应法规。我国于2002年12月、2005年10月及2019年12月发布的原农业部公告第235号、

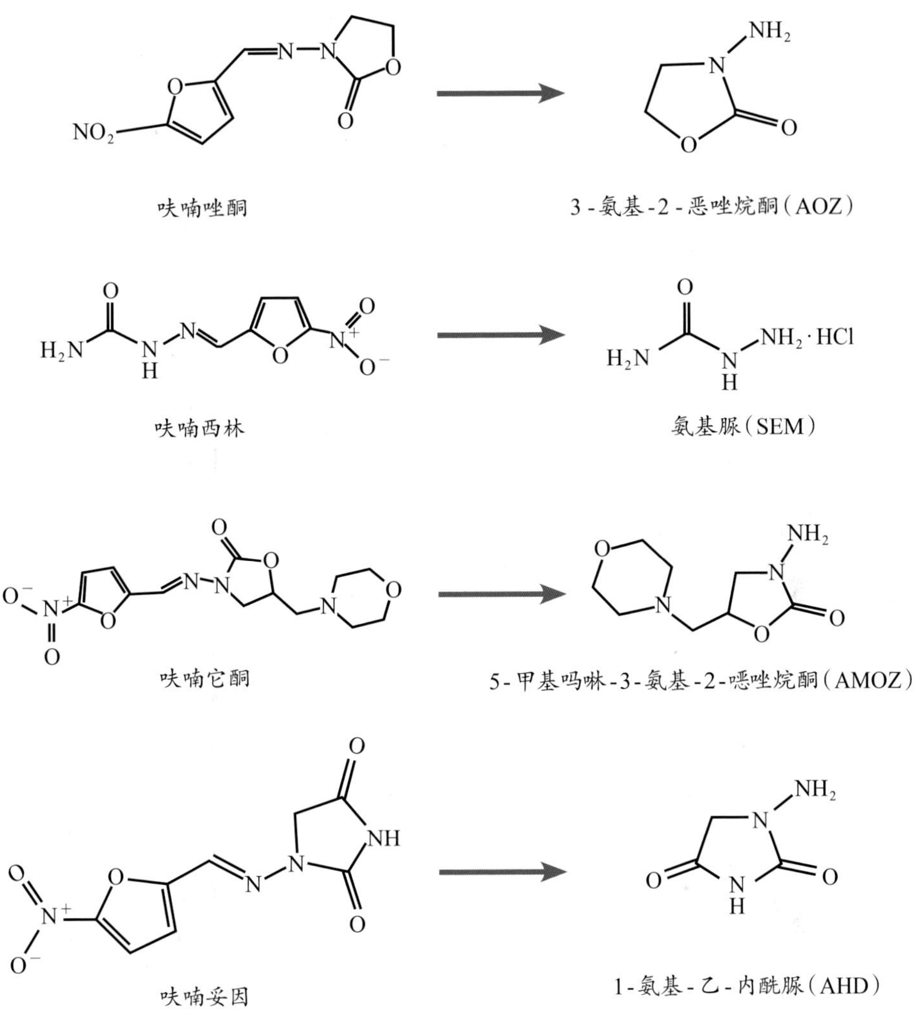

呋喃唑酮 → 3-氨基-2-恶唑烷酮（AOZ）

呋喃西林 → 氨基脲（SEM）

呋喃它酮 → 5-甲基吗啉-3-氨基-2-噁唑烷酮（AMOZ）

呋喃妥因 → 1-氨基-乙-内酰脲（AHD）

图1-2 硝基呋喃类及其代谢物结构式

560号及农业农村部公告第250号规定，硝基呋喃类药物为在饲养过程中禁止使用的药物，在动物性食品中不得检出，并严格执行对动物性食品中硝基呋喃类及其代谢物的残留检测。该类药物多年来在养殖中屡禁不止，药残超标问题不但困扰水产品出口，而且一次次拉响食品安全警报，此类药物的残留问题越来越引起人们的关注。

3.喹诺酮类

喹诺酮类（4-quinolones），又称吡酮酸类或吡啶酮酸类，属于化学合成抗菌药。该类药物均具有喹诺酮的基本结构(图1-3)。按其发明先后、结构及抗菌谱不同,分为一、二、三、四代。喹诺酮类药物具有良好的药物动力学特性及治疗效果,广泛应用于兽药临床、养蜂业和水产养殖业等。目前批准上市的药物包括环丙沙星、恩诺沙星、沙拉沙星、噁喹酸、氟甲喹等十几种药物。喹诺酮类药物进入动物体内后能迅速从血液扩散到组织中并且可以高浓度残留,进而诱发病原菌产生耐药性,导致人体产生不良反应(影响中枢神经系统、造成关节病变、引起皮肤光毒性反应等),甚至可能具有潜在的致癌性。

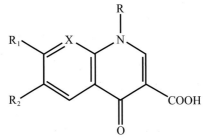

图1-3 喹诺酮类的基本结构

欧盟及我国政府对动物源性食品中喹诺酮类抗生素残留都做出了严格规定。GB 31650—2019《食品安全国家标准 食品中兽药最大残留限量》规定了鱼(皮+肉)和其他水产品肌肉中恩诺沙星(包含其生物代谢产物环丙沙星)最大残留限量为100μg/kg。原农业部公告第2292号规定,自2016年12月31日起停止在食用动物中使用氧氟沙星、诺氟沙星、洛美沙星、培氟沙星等四种原料药的各种盐、酯及其制剂。

4.磺胺类

磺胺类(sulfonamides, SAS),是具有对氨基苯磺酰结构的一类人工合成抗菌药物的总称(图1-4)。磺胺类药物对大多数革兰氏阳性菌和阴性菌都有抑制作用,此外,部分磺胺类药物对某些放线菌、衣原体和原虫(如球虫、鞭毛虫等)也有较好的抑制作用,具有抗菌谱广、性质稳定、体内分布广、产量大、品种多、价格低、使用简便、供应充足等优点,广泛应用于畜牧业和水产养殖业。磺胺类药物在动物体内的作用和代谢时间较长,易残留在动物体内,对人有严重的副作用,尤其是致癌性物质磺胺二甲基嘧啶（sulfamethazine, SM2），能引起头晕、头痛、全身乏力、恶心、呕吐等症状，导致溶血性贫血、粒细胞缺乏、过敏反应，损害人体泌尿系统和脑神经系统，还可引起耐药菌株的增加。在近15～20年，动物源食品中磺胺类药物残留量超标现象十分严重，多在猪、牛、禽等动物中发生。

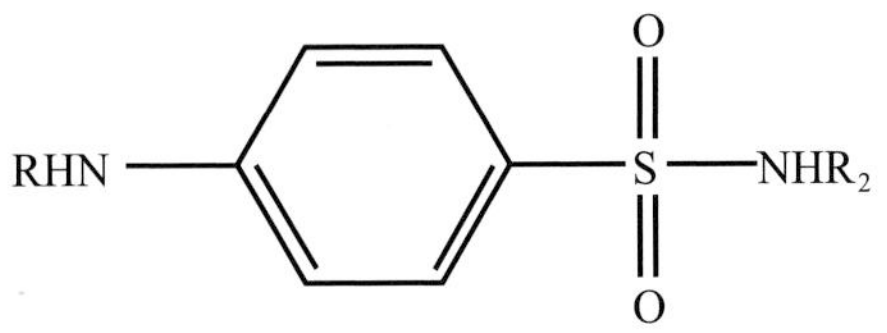

$$RHN-\underset{O}{\overset{O}{\underset{\|}{\overset{\|}{S}}}}-NHR_2$$

图1-4　磺胺类的基本结构

　　中国、美国、日本等大多数国家和欧盟规定了食品和饲料中磺胺类药物的最大残留限量标准。我国于2002年发布的原农业部公告第235号《动物性食品中兽药残留最高限量》规定所有食品动物肌肉组织中磺胺类药物总量最大残留限量（maximum residue level, MRL）为100ng/mL，磺胺二甲基嘧啶为25ng/mL；欧盟NO.508/99/EEC指令对磺胺类药物的最大残留限量规定同我国；美国规定食品中磺胺类药物总量及磺胺二甲基嘧啶等单个磺胺类药物的含量不得超过100μg/kg。

5.四环素类

　　四环素类（tetracyclines, TCs），是由放线菌产生的一类广谱抗生素，包括金霉素（chlortetracycline）、土霉素（oxytetracycline）、四环素（tetracycline）及半合成衍生物甲烯土霉素、多西环素、二甲胺基四环素等，其结构均含并四苯基本骨架（图1-5）。四环素类药物对革兰氏阳性菌、革兰氏阴性菌、立克次体、滤过性病毒、螺旋体属乃至原虫类都有很好的抑制作用，常用于预防和治疗动物疾病，已广泛应用于可食性动物疾病的治疗，在水产养殖中主要用于防治鱼类肠炎病、赤皮病等。四环素药物的不合理和过量使用，会使该药物残留于动物组织中。长期食用含有四环素类药物的动物及其制品会严重危害人类的身体健康，易诱导耐药菌株的增加。四环素类药物主要以原型经肾小球滤过排出，残留药物能沉积于骨及牙组织内与新形成的骨、牙中所沉积的钙相结合，导致牙齿持久性地呈黄色，俗称"四环素牙"，使出生的幼儿乳牙釉质发育不全并出现黄色沉积，引起畸形或生长抑制。四环素类药物的毒性反应主要表现在对胃、肠、肝脏的损害，以及牙齿的染色，还会造成过敏反应、二重感染、致畸作用等。

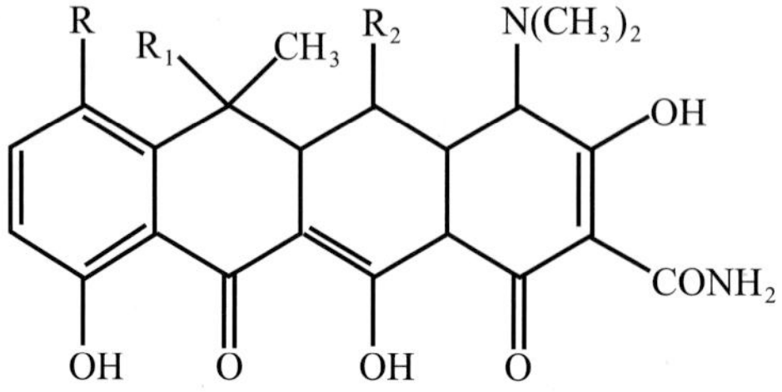

图1-5　四环素类药物的四环结构

　　国际食品法典委员会和世界各国对畜禽肉、水产品中四环素类抗生素残留均有严格的限量要求，国际贸易中也对其限量有严格规定。欧盟规定动物肌肉中四环素类抗生素的最大残留限量为：总和或单项不得超过0.1mg/kg。为保证食品的卫生安全和提高我国出口贸易的竞争力，我国GB 31650—2019《食品安全国家标准　食品中兽药最大残留限量》规定，鱼（皮＋肉）和虾（肌肉）中土霉素、金霉素、四环素单个或组合最大残留限量为0.2mg/kg，鱼（皮＋肉）中多西环素最大残留限量为0.1mg/kg。

二、激素类

　　在水产养殖中，有不法养殖户给水产动物饲喂激素，以达到促进生长或转换水产品性别的作用。水产养殖中常见的激素有甲基睾酮、己烯雌酚以及类激素喹乙醇。

1. 甲基睾酮

　　甲基睾酮（methyltestosterone, MT），又名甲基睾丸素或甲基睾丸酮，是人工合成的白色或乳白色结晶性粉末状雄性激素（图1-6），具有雄性和蛋白同化双重作用，能促进蛋白合成及骨质形成，常用在水产品养殖中，用来缩短养殖周期，提高产量，改善鱼体组成，防止过度繁殖。甲基睾酮会在动物的肝、肾和其他部位残留，一旦被人食用后会产生一系列激素样作用，如破坏人体的激素平衡，干扰人的内分泌功能，影响生育能力，并具有潜在致癌性和发育毒性（儿童早熟），长期使用可导致女性男性化，大剂量使用可导致肝功能障碍。

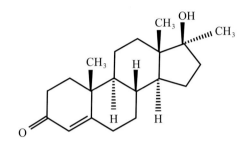

图1-6　甲基睾酮结构式

我国于2002年发布的原农业部公告第235号《动物性食品中兽药残留最高限量》将甲基睾酮列为禁止使用药物，在动物性食品中不得检出，且已被纳入年度农业农村部兽药残留监控计划。尽管国家明令禁止，但在经济利益的驱使下，甲基睾酮还是被不法商贩偷偷使用，药物残留超标问题对水产品质量安全造成了巨大威胁。

2.己烯雌酚

己烯雌酚（diethylstilbestrol, DES），是一种具有酚羟基结构的人工合成雌性激素（图1-7），能产生与天然雌二醇相同的所有药理与治疗作用。己烯雌酚在促进动物蛋白质的合成代谢、提高动物日增重和减少脂肪等方面效果明显，因此一直作为动物生长促进剂用于畜禽和水产品养殖。20世纪70年代末，国际癌症研究机构（IARC）研究发现，己烯雌酚是一种致癌物质，可损害人体肝脏和肾脏，引起子宫内膜过度增生，导致胎儿畸形。己烯雌酚及其代谢产物不能被完全消化吸收，会在动物肝脏、肌肉中残留，会对人体健康产生严重危害，甚至可诱发人体产生癌变。

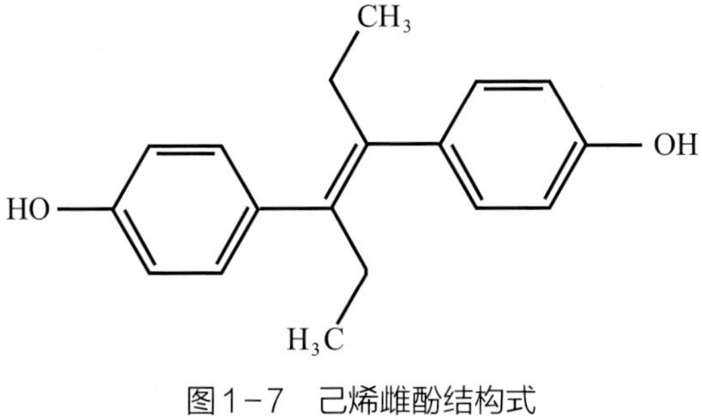

图1-7　己烯雌酚结构式

2017年10月27日，世界卫生组织国际癌症研究机构公布致癌物清单，已烯雌酚在一类致癌物清单中。我国于2019年12月27日发布农业农村部公告第250号，已烯雌酚被列入《食品动物中禁止使用的药品及其他化合物清单》，在动物性食品中不得检出。

3.喹乙醇

喹乙醇（olaquindox, OLA），又名喹酰胺醇、快育灵等，是以邻硝基苯胺为原料合成的一种抗菌促生长剂（图1-8）。喹乙醇于1965年由拜尔（Bayer）公司K-Ley等人首先合成，我国于1981年由北京营养源研究所研制成功，并发现它对动物有促生长作用，在20世纪80年代后期开始将其用于水产养殖，之后逐步成为我国鱼虾配合饲料中较为常用的促生长剂之一。有研究报告称，在鲤鱼、罗非鱼、草鱼、斑点叉尾鮰的日粮中添加一定量的喹乙醇，其生长率能提高50%左右。由于喹乙醇促生长效果好，价格便宜，故在实际生产中，人们往往盲目加大用量。

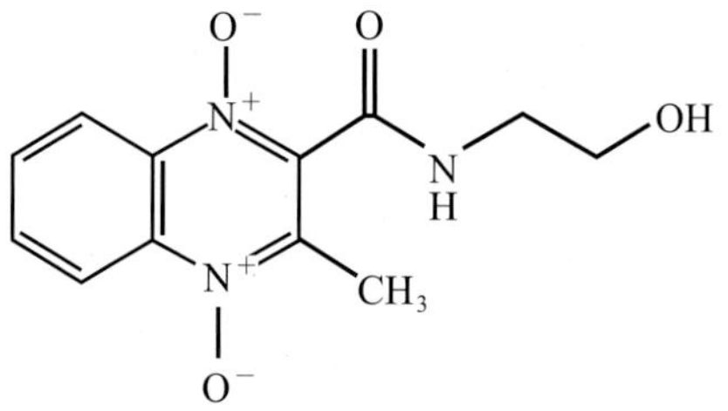

图1-8 喹乙醇结构式

虽然喹乙醇本身的毒性小，但是在动物体内的残留时间长，蓄积毒性大，不仅能使动物中毒或死亡，而且其残留对人体也有较大危害。现有研究表明，喹乙醇在动物体内代谢后会生成甲基喹噁啉-1，4-二氧化物，这种物质能抑制脱氧核糖核酸的合成，对染色体畸变有影响，是一种致癌物，喹乙醇及其代谢物都可能有致癌性、致畸性和光敏毒性。鉴于喹乙醇的毒性和存在的潜在危害，人们重新对喹乙醇的安全性进行评价，对喹乙醇的使用也做出了新的规定。

美国没有批准使用喹乙醇。欧盟从1999年起全面禁止使用喹乙醇。我国于2001年发布的《饲料药物添加剂使用规范》明确规定：喹乙醇禁用于禽，仅用于体重不超过35kg的猪，休药期为35天。这一规定与1980年批准喹乙醇用于促进猪、禽的生长的规定相比，限制得更加严格。我国颁布的《动物性食品中兽药最高残留限量》中也列入了喹乙醇。原农业部畜牧兽医局印发的《2002年底全国饲料添加剂质量监督检测实施细则》也把鸡饲料、饮水及鱼饲料中的喹乙醇作为违禁药物进行监督检验。

三、镇静剂类

镇静剂可减少某些器官或组织的活性，抑制中枢神经系统，具有镇静作用，用于治疗精神疾病，但不影响大脑的正常活动。随着大众对生鲜水产品消费的增长，高密度的水产养殖以及鲜活水产品运输的需求越来越普遍。为提高存活率、降低生产和运输成本，活鱼养殖和运输过程中经常使用镇静剂，以降低机体对外界的感知能力，减少环境变化造成的伤害。

近年来，除部分发达国家及地区允许在水产领域使用的镇静剂（表1-2）外，一些具有成瘾性的镇静催眠药物在水产养殖业中滥用，如安眠酮、地西泮、氯丙嗪等，已经成为社会关注的问题。农业农村部公告第193号和235号明确规定，地西泮只能用于治疗，禁止用于食品动物抗应激、提高饲料报酬和促生长，不得在动物性食品中检出；公告第250号规定，禁止在动物中使用安眠酮；公告第176号和235号规定，禁止在动物饲料中使用氯丙嗪，在动物源食品中不得检出。

表1-2 部分发达国家及地区在水产领域允许使用的镇静剂

镇静剂种类	允许使用的国家	休药期及最大残留限量规定
丁香酚	日本	鱼类休药期7天，甲壳类休药期10天，最大残留限量为50ng/mL
异丁香酚（trans-异丁香酚和cis-异丁香酚）	澳大利亚、新西兰	最大残留限量为100mg/kg（trans-异丁香酚和cis-异丁香酚的总量）
三卡因（MS-222）	美国、加拿大	美国食品药品监督管理局规定休药期21天，加拿大规定休药期7天，最大残留限量均为1μg/mL
苯佐卡因	挪威	休药期21天

四、其他类药物

在水产品养殖环节，部分养殖户会用五氯酚钠对鱼塘进行灭螺或消除杂鱼。在水产品的流通环节，有不法商家通过添加甲醛、双氧水、亚硝酸盐、二氧化硫、孔雀石绿等物质达到杀菌、防腐、改善外观的目的。以上添加物对人体的健康有重大危害。

1．五氯酚钠

五氯酚钠（sodium pentachlorophenol, PCP-NA），属于有机氯农药（图1-9），作为一种高效、价格低廉的广谱杀虫剂、防腐剂或除草剂，曾长期在世界范围内使用，在水产养殖中常用于杀灭杂鱼、藻类、螺类、细菌和霉菌等。五氯酚钠具有较高的水溶性，难降解，易以水为载体广泛扩散，从而影响生态安全和水产品食品安全。五氯酚钠在人和动物体内会分解成五氯酚，而五氯酚具有强大的解偶联作用，可引起急性或慢性中毒，出现乏力、头昏、恶心、呕吐、腹泻等症状，严重者可引发心动过速、血压下降、昏迷。国际癌症研究机构已经将五氯酚归为2B类，即"可能的致癌物"。我国于2019年12月27日发布的农业农村部公告第250号中，五氯酚钠被列入《食品动物中禁止使用的药品及其他化合物清单》，在动物性食品中不得检出。

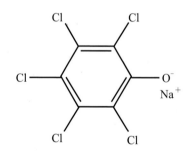

图1-9　五氯酚钠结构式

2．孔雀石绿

孔雀石绿（malachite green, MG），是一种三苯甲烷类化合物（图1-10），为有光泽的翠绿色结晶，易溶于水、乙醇和甲醇，水溶液呈蓝绿色。主要代谢产物为无色孔雀石绿，无色孔雀石绿不溶于水。孔雀石绿过去常用于制陶业、纺织业、皮革业以及用作食品着色剂和细胞化学染色剂。1933年起，孔雀石绿（其草酸盐）作为驱虫剂、杀菌剂、防腐剂在水产中使用，后曾广泛用于预防与治疗各类水产动物的水霉病、鳃霉病和小瓜虫病等，特别在治疗水霉病上具有非常有效的作用。少数不法养殖生产者将其用于孵化鱼卵、水产苗种、亲鱼消毒，也有不法商贩利用其降低活鱼长途运输死亡率及改善鱼体颜色。

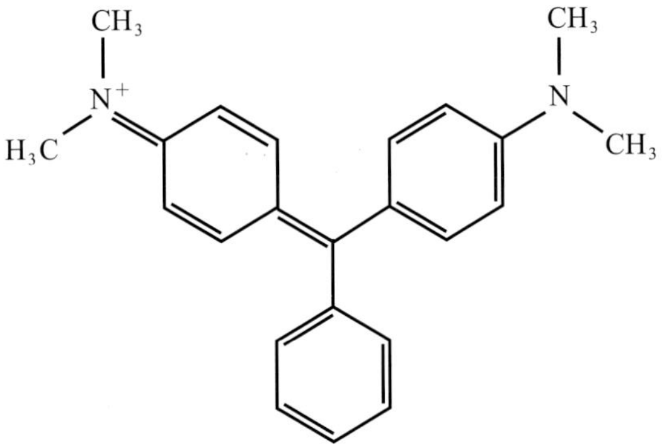

图1-10 孔雀石绿结构式

孔雀石绿在鱼体内蓄积，会造成终生甚至遗传性延续残留。其毒副作用主要是高强度的"三致"作用，即致癌、致畸、致突变，在水产动物体内有明显的残留现象，其残留时间超过100天，对人体的危害较大。欧盟法案2002/675/EC规定，动物源性食品中孔雀石绿和无色孔雀石绿残留总量限制为2μg/kg。日本"肯定列表"也明确规定在进口水产品中不得检出孔雀石绿。我国于2019年12月27日发布农业农村部公告第250号，孔雀石绿被列入《食品动物中禁止使用的药品及其他化合物清单》，在动物性食品中不得检出。

3. 双氧水

双氧水，学名过氧化氢，外观为无色透明液体，是一种强氧化剂，在工业上广泛用于造纸业、纺织业，具有致癌性，特别是消化道癌症，另外工业双氧水含有砷、重金属等多种有毒有害物质。

不法商贩利用双氧水的漂白、防腐和除臭等作用，违规使用双氧水浸泡变质、腐败的水产品，以改善产品外观，从而影响人们的身体健康。

4．二氧化硫

二氧化硫在通常情况下是一种无色、有刺激性气味的气体，有毒，易溶于水，且溶解后和水发生化学反应生成亚硫酸。二氧化硫及亚硫酸盐具有漂白、防腐和抗氧化的作用。水产品中使用的焦亚硫酸盐可作为化学防腐剂，应用于海捕虾可防腐、防黑变。

二氧化硫对人体的呼吸系统以及其他器官和组织会产生不利影响，当进入呼吸道后会在黏膜上生成具有腐蚀性的亚硫酸、硫酸等，损害呼吸道，诱发炎症，对胃可造成强烈刺激，对脑、肝、脾及肠等部位产生毒副作用，通过破坏生物酶的活力，影响碳水化合物及蛋白质的代谢。焦亚硫酸钠对人体的肾功能可能会造成危害，严重时会造成急性中毒，尤其对过敏体质或哮喘人群危害更大。

5．甲醛

甲醛为无色、具有强烈气味的刺激性气体，其35%～40%的水溶液通称福尔马林。水产品经甲醛溶液浸泡可以保鲜，改善已经部分腐烂的水产品外观。

甲醛是原浆毒物，能与蛋白质结合，吸入高浓度甲醛后，会出现呼吸道的严重刺激和水肿、眼刺痛、头痛，也可引发支气管哮喘。皮肤直接接触甲醛，可引起皮炎、色斑、坏死。经常吸入少量甲醛，能引起慢性中毒，出现头痛、头晕、胸闷、全身乏力、心悸、黏膜充血、过敏性皮炎、指甲角化和脆弱、甲床指端疼痛等症状。孕妇长期吸入可能导致新生儿畸形，甚至死亡。

近年来，水产养殖中滥用药物的事件屡有发生，对人们的身体健康及经济发展产生严重影响。因此，我国对水产品中药物的使用及最大残留限量制定了一系列相关规定和监管措施。如原农业部公告第176号《禁止在饲料和动物饮水中使用的药物品种目录》、原农业部公告第193号《食品动物禁用的兽药及其他化合物清单》、原农业部公告第235号和农业农村部公告第250号《动物性食品中兽药最高残留限量》、原农业部公告第2292号《食品动物中停止使用洛美沙星、培氟沙星、氧氟沙星、诺氟沙星4种兽药》、原农业部公告第2638号《食品动物中停止使用喹乙醇、氨苯胂酸、洛克沙胂等3种兽药》、GB 31650—2019《食品安全国家标准　食品中兽药最大残留限量》、NY 5070—2002《无公害食品　水产品中渔药残留限量》等。部分常见药物在水产品中的最大残留限量见表1-3。

表1-3　部分常见药物在水产品中的最大残留限量

药物		水产品种类	我国最大残留限量 /（μg / kg）
氯霉素类	氯霉素	所有水产品	不得检出
	氟苯尼考	鱼（皮＋肉）	1000
	甲砜霉素	鱼（皮＋肉）	50
四环素类	四环素 / 金霉素 / 土霉素	鱼（皮＋肉），虾（肌肉）	单个或组合200
	多西环素	鱼（皮＋肉）	100
大环内酯类	红霉素	鱼（皮＋肉）	200
	泰乐菌素	所有水产品	不得检出
硝基呋喃类		所有水产品	不得检出
孔雀石绿		所有水产品	不得检出
五氯酚钠		所有水产品	不得检出
激素类	甲基睾酮	所有水产品	不得检出
	己烯雌酚	所有水产品	不得检出
	喹乙醇	所有水产品	不得检出
镇静剂类	地西泮	所有水产品	不得检出
	氯丙嗪	所有水产品	不得检出
	安眠酮	所有水产品	不得检出
喹诺酮类	洛美沙星	所有水产品可食组织	不得检出
	培氟沙星	所有水产品可食组织	不得检出
	氧氟沙星	所有水产品可食组织	不得检出
	诺氟沙星	所有水产品可食组织	不得检出
	达氟沙星	鱼（皮＋肉）	100

续表

药物		水产品种类	我国最大残留限量 / （μg / kg）
喹诺酮类	二氟沙星	鱼（皮＋肉）	300
	沙拉沙星	鱼（皮＋肉）	30
	噁喹酸	鱼（皮＋肉）	100
	氟甲喹	鱼（皮＋肉）	500
	恩诺沙星 / 环丙沙星	所有水产品肌肉组织	总量 100
磺胺类及增效剂		所有水产品	总量 100

来源：GB 31650—2019《食品安全国家标准　食品中兽药最大残留限量》，农业农村部公告第
250 号，原农业部公告第 2292 号、2638 号。

第二节　药残快速检测技术进展

食品安全监控需要快速、高效的检测程序对食品的安全性做出评价，以确保消费者的生命健康安全。如果检测周期过长，带来的后果是严重的，甚至是致命的。使用传统方法进行药残检测需要几天、十几天，甚至更长，当检测结果出来时，相应批次的产品早已被食用，并可能已经对消费者产生危害，导致检测结果成了"马后炮"。因此，快速检测技术对于食品安全保证体系具有保障、支撑、延续作用，而且贯穿了食品安全体系的整个过程。快速检测技术也已成为衡量食品（农产品）质量监管部门、卫生监督及疾病防控机构应对突发公共卫生事件能力的重要体现，同时也是提高执法效率和准确率的重要手段。

一、快速检测技术定义和特点

快速检测是指采用不同的方式或方法，包括样品制备、实验操作、结果判定等，能够在较短时间内出具检测结果的行为，一般为定性或半定量检测。通俗地讲，短时间内检测出被检物质是否处于正常状态，被检物质

是否是有毒有害物质或检测的物质是否超出标准规定值的检测或筛查行为称为快速检测。

快速检测技术一般都是基于生物识别元件与目标待测物的特异性作用，通过酶介导的显色反应得到可见信号，达到快速检测的目的。它有以下3个特点：一是时效性，可在30min内完成检测（现场理想快检方法在15min内完成检测）；二是现场性，能在抽采样现场或简单场所采用简易设备进行检测，检测结果可在现场直接告知；三是技术要求低，对人员技能、仪器配备和环境条件没有特别要求，结果易判别。

常见的快速检测技术有化学比色分析技术、酶抑制技术、免疫分析技术、分子生物学技术、传感器技术、生物芯片技术、ATP生物发光等，其中化学比色法、酶抑制法、酶联免疫法（enzyme-linked immunosorbent assay, ELISA）和胶体金免疫层析法（gold immunochromatography assay, GICA）是目前应用比较成熟且具有商品化产品的现场快速检测方法。

（一）化学比色法

化学比色法主要依据待测物质的化学特性，使待测物质与特定试剂发生特异性的显色反应，再和标准的比色卡进行颜色比对，或在既定波长下，和标准品展开分析比较，通过肉眼、试纸条、比色卡、可见光分光光度计等实现定性或半定量分析，包括目视比色法和分光光度法。目视比色法是用眼睛观察并比较溶液颜色与标准色卡深浅来确定物质浓度的分析方法。分光光度法利用朗伯－比尔定律使用分光光度计确定溶液中被测物质的浓度。

化学比色法常用来检测水产品中的药物残留、重金属残留、有害物质以及微生物等。如窦红建立了一种用于快速检测水产品中孔雀石绿及其代谢物的化学比色法，孔雀石绿及其代谢物的检出限分别为2μg/kg和4μg/kg。钱蓓蕾等研究出了一种用于检测孔雀石绿残留的快速检测试剂盒，检出限为1.0～10.0μg/kg。周秀锦等采用化学比色法检测水产品中残留的磺胺类药物，检出限可达50μg/kg，该方法操作非常简单，反应效果极其明显，价格低廉，非常适合对大批量样本进行快速检测。化学比色法与一般的仪器分析方法相比，价格低廉、快速直观、方便携带、操作简便，仅需三步就可以完成检测（图1-11），非常适合现场快速检测。但化学比色法存在准确性低、稳定性差的缺点，一般情况下只能对可发生显色反应的物质进行检测。近年来，技术人员为了提升比色技术检测结果的精准度，加入了集束式冷光源，检测过程更稳定，检测效率显著提升。

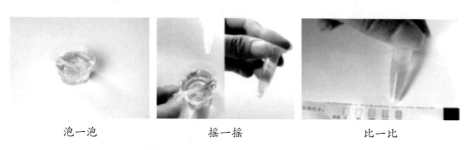

泡一泡　　　　　　　摇一摇　　　　　　　比一比

图1-11　化学比色法快速检测管操作流程

但是，化学比色法一次只能检测一种或者一类有害物质，同时显色反应往往需要加热，易受其他物质的干扰，精确度低，不适用于精度要求较高的样品或定量样品的检测，在水产品兽药残留快速检测方面的应用前景有限。目前，研究人员不再着重于该方法的研究，而是寻找更好的方法。

（二）酶抑制技术

酶抑制法是根据昆虫毒理学原理发展而成，即动物体内正常的神经传导代谢产物乙酰胆碱，被体内一种水解酶（乙酰胆碱酯酶）水解为乙酸和胆碱，从而维持机体内正常的神经传导过程，而有机磷、氨基甲酸酯类农药对动物体内的酶有抑制作用。利用该原理，在乙酰胆碱酯酶及其底物（乙酰胆碱）的共存体系中加入农产品样品提取液（样品中含有水），如果样品中不含有有机磷或氨基甲酸酯类农药，酶的活性就不被抑制，乙酰胆碱就会被酶水解，水解产物与加入的显色剂反应就会显色；反之，如果试样提取液中含有一定量的有机磷或氨基甲酸酯类农药，酶的活性就被抑制，试样中加入的底物就不能被酶水解，从而不显色（图1-12）。用目测法判断颜色的变化，或用分光光度计测定吸光度值，计算出抑制率，就可以判断样品中农药残留的情况。

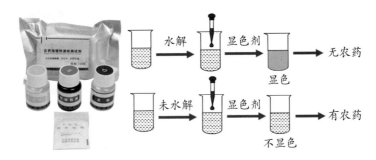

图1-12　酶抑制法商品及检测原理示意图

　　利用上述原理生产的各种酶抑制法速测卡、速测试剂具有检测快速简便、成本低的优点。该方法已广泛应用于蔬菜、果品、茶叶等农产品的药残快速检测，是当前和今后一段时间内农产品农药残留快速检测的首选方法之一。我国也发布了相应的标准，如国家标准GB/T 5009.199—2003《蔬菜中有机磷和氨基甲酸酯类农药残留量的快速检测》和国家市场监督管理总局批准的KJ 201710《蔬菜中敌百虫、丙溴磷、灭多威、克百威、敌敌畏残留的快速检测》。但是使用酶抑制法检测果蔬中的农药种类有限，原因如下：首先，该检测方法仅可用于检测有机磷和氨基甲酯类农药，且对不同农药品种的灵敏度差异较大，存在检测盲区；其次，由于酶结构存在复杂性和多样性，酶反应的活性、反应温度、酶和底物的浓度、pH、反应时间等与检测结果密切相关，检测结果误差较大，重复性较差，实际应用中的确认率为60%～70%；最后，果蔬中的次生物质如叶绿素、花青素等对酶抑制产生干扰，也会导致检测结果的专一性、准确率、可比性等存在问题。目前，酶抑制技术在水产品农药残留检测中的应用尚少。

（三）免疫分析技术

　　免疫分析技术是目前药物残留检测中应用最为广泛的一种快速检测技术。它是以抗体作为生物识别元件，通过对各种示踪物质（荧光素、同位素或酶等）标记抗体（或抗原）进行抗原-抗体反应，并对免疫复合物中的标记物进行测定，达到对各种目标物进行定性、定量分析的一种检测技术。免疫分析技术具有精确度高、灵敏度高、特异性强的优点，对样品前处理要求较低、操作简单，检测过程中不需要大型贵重仪器，检测成本低，特别适用于高通量样本的快速检测。根据检测信号的不同，免疫分析技术又可分为酶联免疫、胶体金免疫、放射性免疫、化学发光免疫和荧光免疫等。

1.酶联免疫检测技术及其在水产品药残检测中的应用

酶联免疫检测技术指通过酶与底物产生颜色反应，用于对目标物的定性或定量测定的分析技术，主要包括双抗体夹心法、间接法和竞争法三种类型（图1-13）。与过去经典的生物化学检测方法相比较，酶联免疫吸附法具有以下特点：

（1）灵敏度高。检出限可达到纳克（ng）甚至皮克（pg）水平，并可做定量测定。

（2）特异性强。抗原抗体发生特异性免疫应答反应，使得那些结构类似物、有色或荧光物质对检测的干扰变得很小，大大提高了结果的准确性。

（3）操作简单方便。由于特异性强，简化了样品的预处理和提取纯化过程，并且适合对大规模样品进行检测。

（4）安全性高。因为灵敏度高，标准品的浓度可以很低，有机溶剂用量较少，降低了对环境的污染程度，减少了对检测人员和环境的潜在危害。

目前已经开发了一系列酶联免疫检测试剂盒，广泛应用于恩诺沙星、磺胺类、氯霉素等药物残留，以及真菌毒素、贝类毒素和致病微生物等的快速检测。尽管酶联免疫法检测快捷、高效，但由于样品前处理简化易受样本基质干扰，导致测试结果易出现假阳性现象，同时，所需抗原抗体的研究技术高、制作条件苛刻、成本昂贵。因此，虽然此方法检测的速度较快，一般在水产品的快速检测中也并不使用。

2.胶体金免疫层析技术及其在水产品药残检测中的应用

胶体金免疫层析法是20世纪80年代出现的一种新型免疫学检测技术。胶体金免疫层析技术是以胶体金作为显色媒介的示踪标志物，以硝酸纤维素膜为固相层析载体，通过毛细作用使样品溶液在层析膜上涌动，并同时使样品中的待测物与层析载体上待测物的抗原或抗体发生免疫反应，层析过程中免疫复合物被富集或截留在层析膜的检测区域，通过检测区域［检测线（T线）、控制线（C线）］的颜色变化来判定检测结果（图1-14）。这项技术产品已逐步成熟上市（图1-15）。

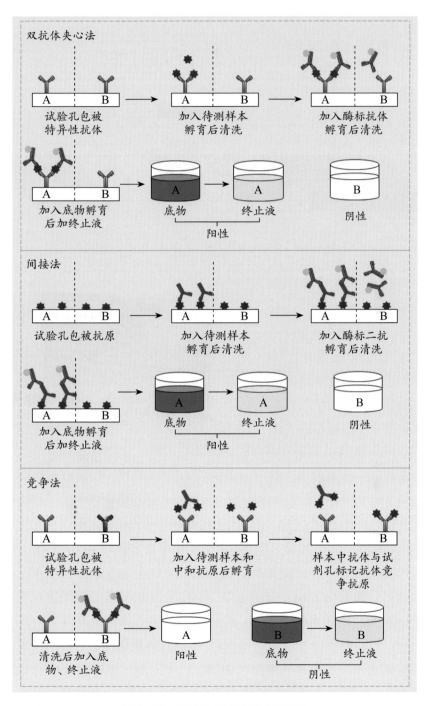

图1-13 酶联免疫检测原理示意图

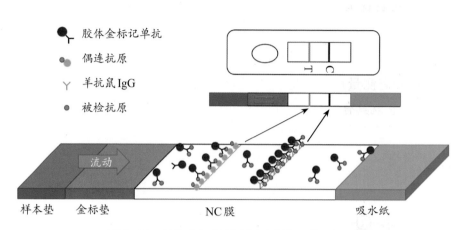

- ● 胶体金标记单抗
- ● 偶连抗原
- Y 羊抗鼠IgG
- ● 被检抗原

样本垫　金标垫　　　　　NC膜　　　　吸水纸

图1-14　胶体金免疫层析（竞争法）原理示意图

胶体金免疫层析技术有以下特点：易制备，成本低；可同时检测多种物质；对组织细胞的非特异性吸附作用小，具有高度特异性和高敏感性；检测结果直接用颜色显示，肉眼判断直观可靠；操作简单，耗时少。胶体金检测卡体积较小，质

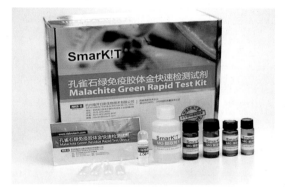

图1-15　胶体金免疫层析法快速检测试剂盒

量较轻，便于随身携带和现场检测，是目前在食品质量安全监管中应用最普遍的快检产品之一，已广泛应用于各类食品中农兽药、激素、非法添加剂、生物毒素、真菌毒素、重金属、微生物等有害物质的快速检测。制备同时检测水产品中多种磺胺类药物残留的胶体金免疫层析试纸条，检测灵敏度可达到100ng/mL，符合国家对该类药物的残留检测限量标准，适用于磺胺类药物的多残留检测；河豚组织中的河豚毒素胶体金一步免疫层析法，检测灵敏度可达到20ng/mL；应用胶体金免疫层析技术开发一种快速检测水产品中硝基呋喃类代谢物、孔雀石绿、氯霉素等多种药物的多联检测卡，该类多联检测卡能用于同时检测6种以上药物残留的现场检测，具有很好的应用前景。

3.放射性免疫分析技术及其在水产品药残检测中的应用

放射性免疫分析法是一种较早的标记免疫分析检测技术，它利用放射性同位素标记的抗原同待检样品中的抗原竞争性地与抗体反应，最后通过分离测量放射性强度，来间接地反映样品中待测物的含量（图1-16）。它既具有免疫反应的高特异性，又具有放射性测量的高灵敏度，因此，能精确测定各种具有免疫活性的极微量的物质。

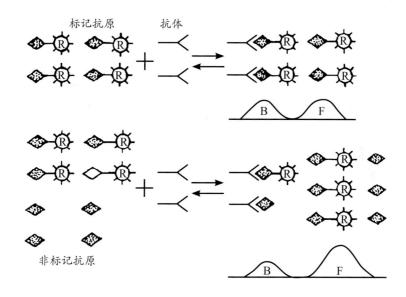

图1-16　放射性免疫分析原理示意图

该方法不仅能应用于激素的分析（包括多肽类和固醇类激素），还能用于各种蛋白质、抗原以及一些小分子物质和药物的分析，应用范围极其广泛。如郑晶等应用放射性免疫分析方法快速筛检烤鳗中四环素族药物残留，检出限可达到50μg/kg，检测全过程可在80min内完成。放射性免疫分析法采用放射性同位素对抗原进行标记，其灵敏度大大提高，显著缩短了检测时间，但其产生的放射性污染难以处理，这也极大地限制了放射性免疫分析法的普及和应用。

4.化学发光免疫分析技术及其在水产品药残检测中的应用

化学发光免疫分析法是用化学发光剂直接标记抗体或抗原的一类免疫检测方法，既包含了免疫化学反应，又增加了化学发光反应部分。免疫反应类似酶联反应，带有标记物的抗体或抗原发生特异性结合，形成抗原-抗体复合物，然后利用发光底物对标记物进行检测（图1-17）。化学发光免疫分析法因其灵敏度高、特异性好、分析速度快、操作简便等优势，在水产品药物残留检测领域得到了快速发展。

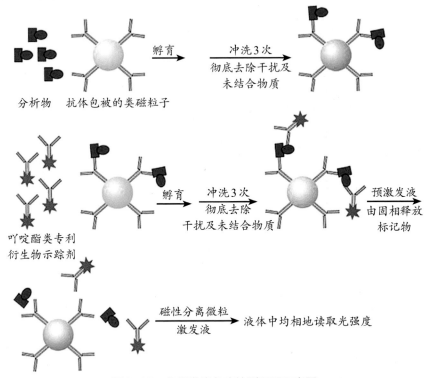

图1-17　化学发光免疫检测原理示意图

Wu等建立了磺胺-5-甲氧嘧啶的化学发光免疫分析方法，该方法可使其检出限达到3.2μg/mL，检测结果极其准确。Tao等以scFv单链抗体建立了鱼和虾中ENR等20种喹诺酮类药物残留的化学发光免疫检测方法，检测结果与LC-MS/MS检测结果符合度较高，能满足当前各国对水产品中喹诺酮药物残留限量的检测要求。瞿建宏等采用该方法检测了水产品中残留的甲氰菊酯，确定甲氰菊酯-卵清蛋白（OVA）抗原最优包被浓度是1.6mg/L，羊抗兔IgG-HRP的最优稀释度是1∶1000，多抗的稀释度是1∶3200，检测范围是20～200μg/kg。Wang等建立了可用于检测鱼和蜂蜜中AHD的化学发光酶联免疫吸附测定法，该方法的IC50为0.60μg/L，线性范围为0.03～32.00μg/L，鱼和蜂蜜中AHD的检出限分别为0.10μg/L和0.28μg/L，添加回收率为83.6%～94.7%，CV低于15.0%。该方法线性范围很宽，耗时短，适用于动物性样本中AHD的现场检测。Liu等建立检测鱼、虾、鸡蛋和蜂蜜中AMOZ的CL-ELISA法，该方法的IC50为0.14μg/L，线性范围为0.03～64.00μg/L，检出限为0.01μg/L，样本添加回收率为92.1%～107.7%，CV低于15.0%。该方法灵敏度高，线性范围宽，准确度高，样本适应性强，是一种很有应用前景的检测方法。但是，化学发光免疫分析法也存在许多不足，例如发光体系较为单一、检测仪器体积较大、小分子检测的精密度有限等问题。随着研究深入，以及基因工程，抗原、抗体制备的广泛应用，相信在不久的将来，化学发光免疫分析法会更加完善。

5. 荧光免疫分析技术及其在水产品药残检测中的应用

荧光免疫技术是将免疫学方法与荧光标记技术结合起来的一种痕量检测方法。采用荧光物质标记抗体或抗原分子，再与被测物发生特异性结合，利用荧光分析仪测定荧光物质受激发光照射后发出的荧光强度或偏振幅度等，进而实现对目标物质的定性定量分析（图1-18）。荧光免疫分析技术由于其高特异性，近年来得到了广泛应用。Yang等采用荧光免疫技术对水样中克百威进行了检测，检出限可达到2.3ng/mL，进而保证了水产养殖环境的安全。

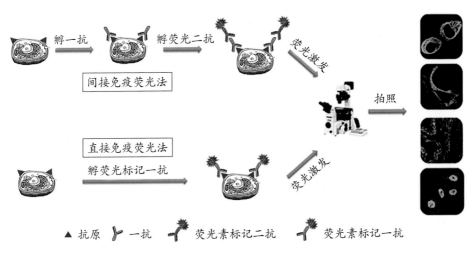

图1-18 荧光免疫分析检测原理示意图

相比于酶联免疫检测技术，荧光免疫法灵敏度相对偏低，同时基质效应会对荧光测定带来干扰。研究人员发现，多克隆抗体能够识别量子点标记的免疫球蛋白，使量子点聚集在一起。由此，量子点开始应用于荧光免疫分析中。Sai等建立了基于小分子半抗原直接包被方式和量子点荧光探针结合的新型荧光免疫分析方法，并将其用于检测虾仁中的氯霉素。该方法的灵敏度为30.2ng/mL，最低检出限为1.2ng/mL，与传统的酶联免疫法相比，灵敏度提高约5倍，检测时间缩短了1h。田玮研究了用于检测鱼中氯霉素残留的量子点荧光免疫分析法，其灵敏度高且检测时间短。居莹制备出具有免疫活性的量子点荧光探针，并组装成孔雀石绿量子点免疫试纸条，检出限为1.5μg/kg。张蕾应用CdTe量子点研制出呋喃唑酮快速荧光免疫层析试纸条，检测了水产品虾肌肉组织中呋喃唑酮代谢物的残留量，检出限为10.0ng/g，假阴性率和假阳性率均小于5%，且与呋喃西林代谢物、呋喃它酮代谢物和呋喃妥因代谢物的交叉反应率均小于1%。量子点荧光免疫分析法弥补了传统快检方法灵敏度不高、抗干扰能力不强的缺点，促进了食品安全快速检测技术的发展。

（四）生物传感器技术

生物传感器法是目前药物残留分析技术的研究热点，是由生物、化学、物理、电子等技术相互交叉而成的一种检测工具。作为一种新型的检测技术，与其他检测技术相比，生物传感器具有专一性强、准确度高、分析速度快、操作简单、检测成本低、可重复使用等优点。随着仪器科学的快速发展，基于不同技术组合的传感器种类越来越多样化。利用药物对靶标酶活性的抑制作用研制的酶传感器，利用药物与特异性抗体结合反应研制的免疫传感器可用于对相应药物残留进行快速、定性和定量检测。除此之外，还有电化学传感器等。

1.酶传感器及其在水产品药残检测中的应用

酶传感器是将酶作为生物敏感元件，其特点是选择性好，可直接在复杂试样中进行测定，响应速度快，灵敏度高，能够实现在线监测（图1-19）。郝雅茹等制备了BuChE/CS/GS/GCE纳米酶传感器，建立了一种快速而灵敏的测定水产品中孔雀石绿的方法，最低检出限为2.80×10^{-8}mol/L

（S/N＝3），加标回收率为96.36%～99.78%。

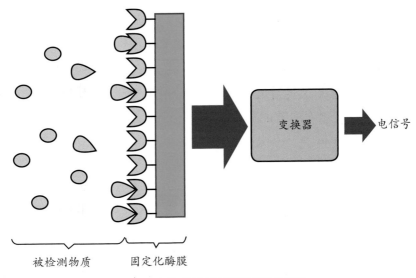

被检测物质　　固定化酶膜

图1-19　酶传感器快速检测原理示意图

2.免疫传感器及其在水产品药残检测中的应用

免疫传感器是基于抗原抗体特异性识别功能的一类生物传感器，不仅能节约检测时间，提高灵敏度和准确度，还能使测定过程变得简单，易于实现自动化。Ashwin等建立了动物产品中检测氯霉素的免疫传感器芯片技术，将其进一步应用到水产检测中并取得了良好的效果；Chullasat等建立了虾中氯霉素残留电阻型免疫传感器检测方法。与其他修饰方法的传感器相比，免疫传感器具有更宽的线性范围和更低的检出限。重复性实验表明该传感器能重复使用45次（RSD＜4%），实际样品（虾）中氯霉素残留检测结果与液相色谱法相符。

3.电化学传感器及其在水产品药残检测中的应用

电化学免疫传感器是将免疫分析与电化学传感器相结合的一类新型生物传感器，应用于痕量免疫原性物质的分析研究。采用电化学免疫传感器检测了一种拟除虫菊酯类农药——氰戊菊酯，通过戊二醛和壳聚糖将氰戊菊酯抗体交联固定在玻碳电极上，利用交流阻抗法对氰戊菊酯进行检测，最低检出限为0.8μg/L。该免疫传感器具有灵敏度高、线性范围宽、重复性好等特点。

（五）基于智能手机的快速检测技术

随着互联网和智能手机的迅速发展，基于智能手机的检测技术现已成为一个令人十分关注的热点领域。随着手机摄像功能的不断完善、App的广泛使用以及数据处理能力的不断提高，智能手机在检测中既可以作为一种图像采集的工具，也可以作为数字化处理设备（图1-20）。与传统的仪器分析方法相比，智能手机具有轻巧性、便携性以及操作者无须专门培训就能熟练掌握等突出优点。因此，近年来将智能手机与灵敏准确的仪器分析方法联用受到越来越多的国内外研究者的关注。

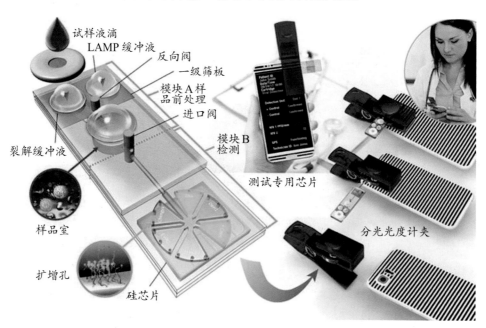

图1-20　基于智能手机的快速检测技术

近年来，基于智能手机的检测技术在药物残留领域也得到了飞速发展。Yu等将智能手机作为分光光度计，测定液体样品中的特定核酸序列，检出限为1.3pmol/L。梅青松等将上转换纳米粒子的纸传感器与数字成像的智能手机一体化，根据荧光分析的原理测定农药福美双，检出限为0.1μmol/L。Mancuso等将智能手机配件与用纳米粒子填充的微流控芯片联用，检测卡波氏肉瘤相关疱疹病毒（Kaposi's sarcoma-associated herpesvirus, KSHV）核酸，其KSHV DNA的检出限为1nmol/L。Park等自编了智能手机App，将其应用于纸基微流控检测技术中检测沙门氏菌，利用App的数字图像散射功能量化免疫凝集程度，以简单的图像处理算法实现数据的计算和读取，该检测被限定在单细胞水平上，检测时间不到1min，检出限为10^2CFU/mL，线性范围至10^5CFU/mL。郭娟等通过采用聚二甲基硅氧烷（polydimethylsiloxane, PDMS）通道板设计了一种格式化的条形码芯片，检测农药甲基对硫磷，通过手机条形码扫描App直接读取信息，定性分析其检测结果；当结果为阳性时，智能手机可根据捕获的图像定量分析其浓度，检出限可低至0.2μg/mL，已符合联合国粮农组织和世界卫生组织的标准。汤迪朋等建立了基于可视化蛋白芯片法智能手机同时快速检测蔬菜中3种农药残留的分析方法，检测结果具有较高的准确度和重复性，加标回收率为84.0%～118.0%，变异系数均＜10%（$n=3$），检出限分别为79ng/mL、69ng/mL、15ng/mL。吴颖等基于智能手机对莱克多巴胺、盐酸克仑特罗、氯霉素、氟苯尼考及其代谢物氟苯尼考胺等多种兽药残留检测的免疫蛋白芯片方法，与胶体金免疫层析法、酶联免疫吸附法等检测结果基本一致，适用于现场快速大量筛选。

二、水产品药残快速检测技术的问题及未来发展方向

1.快速检测过程中存在的问题

当前水产品的快速检测产品中存在假阳性率和假阴性率相对较高、特异性偏弱、检测灵敏度较低等多种问题。一是待测样本基质的干扰很容易使检测样本出现假阴性或假阳性的结果。因此，可以通过前处理环节去除干扰源，或者是依照检测样本的基质，选择出针对性的快速检测方法，有效提高水产品的检测工作精确度。二是待测样本中还有和目标待测物化学性质相接近，或者物质结构构成比较相似以及具有相同官能团的化合物，进而在快速检测工作中经常会出现假阳性结果。三是所使用的快速检测方法工作原理和技术方法，自身存在特异性偏弱的问题。四是快速检测样本的质量表现不稳定、操作步骤表述不清晰，甚至经常会产生数据（参数）错误，所使用的检测试剂在运输、储存、使用等各个环节会产生试剂性质变化，或者直接受到外部环境污染，造成最终的检测数据产生偏差。五是所使用的快速检测方法，整个提取效率相对较低，会直接影响检测的

灵敏度，进而容易产生假阴性结果。六是没有对快速检测工作质量以及检测标准流程进行合理控制，检测人员产生误操作，会造成最终的检测结果存在较大偏差。七是水产品快速检测方法的检出限低于或高于正常食品安全使用的相关标准，可能会出现比较明显的假阳性或者假阴性的误差数据。

归纳上述七个问题，可以得出造成这一系列问题的主要原因有两点：一是快速检测试剂盒以及检测设备自身存在缺陷和技术问题，造成快速检测产品的质量和精确度有所不足；二是快速检测技术缺少质量控制手段或者相关检测工作人员自身专业素养偏低，造成检测出现误操作等现象。因此，实际应用中应该根据检测目标选用合适的快速检测技术，严格按照相应检测试剂盒的操作方法操作，以确保快速检测数据的科学性与精确性。

2.快速检测技术的发展方向

目前，快速检测技术已经进入技术成熟阶段和多领域应用阶段，它的快速、简便、低检出限的优点已经达到了前所未有的高度，也显示出了强大的生命力。但从应用领域的需求和期望出发，快速检测技术还不能完全满足要求。仅就食品安全而言，检测速度是越快越好，最好能在几分钟内或一小时内测出结果。遗憾的是，除了个别检测项目的个别样品可以做到外，绝大多数快速检测技术都无法做到，传统方法更是一筹莫展。因此，在未来几年，快速检测技术发展的方向主要是在保证检测时间尽可能短的前提下，降低检测的假阳性率，预防各种因素对检测结果的影响，提高检测的精度和准确度，并逐渐发展成为能够进行定性定量检测的快速检测技术。

此外，近年来基于智能手机的检测分析技术也受到国内外众多研究者的关注。智能手机包含了实验室检测分析所需的所有组件，满足传统ELISAs对精密设备的要求并突破了LFAs无法定量分析的局限性。因此，基于智能手机的快速检测方法可能对下一代免疫传感检测产生相当大的影响。总之，随着技术的进一步发展，快速检测技术也应该向智能化、便携化、集成化与微型化等方向发展，实现对水产品药物残留的快速检测、实时检测、现场检测、高精度检测，同时提高水产品中复杂污染物的检测效果。

第三节 水产养殖常用药物使用

因水产品药物残留超标会导致食用安全潜在危害，所以在水产养殖生产中科学使用药物，是确保产品质量安全的重要手段。本章节将介绍如何"对症下药"，科学使用常见渔药。

渔药用以预防、控制和治疗水产动植物的病虫害，促进养殖品种健康生长，增强机体抗病能力以及改善养殖水体质量，提高水产养殖产量。它包括水产动物药和水产植物药两部分。由于当前国际上对渔药的研究、开发和应用主要集中于水产动物药，故常常将渔药狭义地局限为水产动物药。渔药应用范围限定于水产养殖业，而在水产捕捞业和渔产品加工业方面所使用的物质，则不包含在渔药范畴内。

一、渔药分类

基本按使用目的进行分类。一般经常使用的渔药可分为以下几类：抗微生物药物、驱虫和杀虫药物、消毒药物、中草药、生物制品、环境改良剂、调节水生动物代谢及生长的药物等。实际上某些药物兼有两种或两种以上的功能，如生石灰既有改良环境的功效，又有消毒的作用。

二、渔药给药方式

如果给药方法不当，即使是特效药，也难以达到用药的预期目的，甚至还会对患病机体产生危害。因此，应根据发病对象的具体情况和药物本身的特性，选用适宜的给药方法。目前，水产动物疾病防治中常用的给药方法有泼洒法、悬挂法、浸浴法等。

1.泼洒法

泼洒法又称全池遍洒法，是以一定的浓度将药物充分溶解稀释后均匀地泼洒在养殖水池中的一种方法。此法杀灭病原体较彻底，适用于预防和治疗，但安全性差，用药量大，副作用也较大，对水体有一定的污染，使用不慎易发生事故。

采用泼洒法应注意以下几点：

（1）正确测量水体。

（2）不易溶解的药物应充分溶解后再泼洒。

（3）勿使用金属容器盛放药物。

（4）泼洒药物和投饵不宜同时进行，应先投饵，后泼药。

（5）泼药一般在晴天上午进行，对光敏感的药物宜在傍晚进行。

（6）操作者应位于上风处，从上风处往下风处泼药。

（7）遇到雨天、低气压或"浮头"时不应泼药。

2．悬挂法

悬挂法又称挂篓（袋）法。将药物装在有微孔的容器或布袋中，悬挂于食物周围或水产动物常出没的地方，利用养殖动物到食场摄食或生存活动的习性达到给药的目的。此法用药量少，方法简便，不良反应小，但杀灭病原体不彻底，只适用于预防和疾病早期的治疗。

采用悬挂法应注意以下几点：

（1）食场周围药物浓度要适宜。浓度过低时，水产动物虽来摄食，但杀不死病原体，达不到消毒的目的；浓度过高时，水产动物不来摄食，也达不到用药目的。药物的浓度宜在水产动物前来摄食的最高耐受浓度及高于能杀灭病原体的最低浓度之间，且该浓度须保持不短于水产动物摄食的时间，一般需挂药3天。

（2）放药前宜停食1～2天，保证水产动物在用药时前来摄食。

3．浸浴法

浸浴法又称浸洗法。将养殖动物集中在较小的容器或水体内，配制较高浓度的药液，在较短时间内强制受药以杀死体表病原体。此法用药量少，疗效好，不污染水体，但操作较复杂，易碰伤机体，且对养殖水体中的病原体无杀灭作用。一般只作为水产动物转池、运输前后预防性消毒使用。

采用浸浴法应注意以下几点：

（1）浸洗的时间应根据水温、药物浓度、浸浴对象的耐受性等灵活掌握。

（2）捕捞、搬运水产动物时应小心谨慎，防止机体受伤。

（3）浸浴程序不可颠倒，即应先配药液，后放浸洗对象。

（4）每次浸浴的水产动物数量不宜太多。

（5）药液最好现配现用。

4.浸沤法

将中草药扎成捆，在养殖池塘的食场附近或池塘进水口和上风处等位置浸沤，利用浸沤出的有效成分抑制或杀死水中及动物体表的病原体。此法药物发挥作用较慢，一般只适用于预防。

5.涂抹法

涂抹法又称涂擦法。直接将较浓的药液或药膏涂抹在水产动物体表患处以杀灭病原体。此法适用于治疗繁殖个体、名贵水产动物体表疾病。具体操作是将患病水产动物用一块湿纱布或毛巾裹住，然后将药液涂在病灶处。涂抹时应注意将头部稍提起，以免药物流入口腔、鳃而产生危害。

6.口服法

将药物均匀地混合到饵料中，制成适口的、在水中稳定性好的药饵后投喂。此法用药量少，使用方便，不污染水体，但只对那些尚有食欲的个体有作用，而对病重个体和失去食欲的个体无效，适用于预防和治疗。

采用口服法应注意以下几点：

（1）药饵要有一定的黏性，以免遇水后不久即散从而影响药效，但也不宜过黏。

（2）计算用药量时，不能单以生病的品种计算，应将所有能吃食的品种计算在内。

（3）投喂前应停食1～2天，保证水产动物在用药时前来摄食。

（4）投喂量要适中，避免剩余。

（5）一般易被消化道破坏的药物，不宜采用口服方法。

7.灌服法

该法是将水生动物麻醉后用橡胶导管把调制好的药液灌入胃或肠，灌毕将其放于盛有清水的容器中暂养，直至病愈或视病情进行第二次灌药。此法一般只适用于少量个体或名贵水产动物。

8．注射法

用注射器将药物注射入胸腔、腹腔或肌肉中以杀灭水产动物体内的病原体。此法用药准确、吸收快、疗效高、预防效果佳（疫苗、菌苗注射），但操作麻烦、容易损伤机体。此法一般只在繁殖个体、名贵水产动物患病及人工注射疫苗时采用。

采用注射法应注意以下几点：

（1）先配制好注射药物和消毒剂。

（2）注射器和注射部位都应消毒。

（3）注射药物要准确、快速，勿使水产动物机体受伤。

三、常见渔药使用

1．抗微生物药物

抗微生物药物是指对细菌、真菌、支原体和病毒等病原微生物具有抑制或杀灭作用的一类化学物质，分为抗细菌药、抗病毒药和抗真菌药等。目前，用于水产动物病毒病的药物种类很少，而且效果也不理想，主要是免疫制剂。用于水产动物细菌病的药物有多种，分为抗生素和合成抗菌药。临床选用抗菌药之前，一般应做药敏试验，以选择对病原菌最敏感的药物，取得预期最好的治疗效果。

（1）抗生素：是细菌、真菌、放线菌等微生物在生长繁殖过程中产生的代谢产物，可以在很低的浓度下抑制或杀灭其他微生物，主要有氨基糖苷类、四环素类、酰胺醇类三类药物。

①氨基糖苷类：是由链霉素菌或小单孢菌产生或经过半合成制得的一类水溶性的碱性抗生素，通过抑制细菌蛋白质合成产生杀菌作用。硫酸新霉素粉属于此类抗生素，对需氧革兰氏阴性菌作用强，对厌氧菌无效，对革兰氏阳性菌作用较弱，但对金黄色葡萄球菌较敏感。对细菌存在明显的抗生素后效应。

②四环素类：为广谱抗生素，通过阻止细菌蛋白质合成来抑制细菌的生长繁殖。盐酸多西环素粉属于此类抗生素，对革兰氏阳性菌和阴性菌均有抑制作用。

③酰胺醇类：又称氯霉素类抗生素，属于广谱抗生素，通过抑制细菌

蛋白质合成产生抑菌作用，包括甲砜霉素、氟苯尼考等，对革兰氏阴性菌和阳性菌具有较强的抗菌活性。此类药物高剂量长期使用对造血系统具有可逆性抑制作用。

（2）合成抗菌药：目前在水产养殖中允许使用的合成抗菌药主要有磺胺类和喹诺酮类两类药物。

①磺胺类：为广谱抑制剂，通过阻止细菌的二氢叶酸合成产生抑菌作用，主要包括磺胺间甲氧嘧啶钠粉（水产用）、复方磺胺二甲嘧啶粉（水产用）、复方磺胺甲噁唑粉（水产用）和复方磺胺嘧啶粉（水产用）。该类药物对患有肝脏、肾脏疾病的水生动物慎用，建议与$NaHCO_3$合用。

②喹诺酮类：通过阻止细菌DNA的复制产生抑菌作用，主要包括恩诺沙星、维生素C磷酸酯镁盐酸环丙沙星预混剂和氟甲喹粉。

2. 驱虫和杀虫药物

驱虫和杀虫药物是指杀死或驱除体外或体内寄生虫的药物以及杀灭水体中有害无脊椎动物的药物，包括抗原虫药、抗蠕虫药和抗甲壳动物药等。

（1）抗原虫药：水生动物原虫是单细胞寄生性原虫，种类繁多，流行广泛，危害严重。原生动物可侵染水生动物各组织器官，即可体内寄生，也可体外寄生。常用的抗原虫药见表1-4。

表1-4　水产养殖常用抗原虫药

药物名称	适应征	使用注意事项
硫酸锌粉、硫酸锌三氯异氰脲酸粉	杀灭或驱除水产养殖动物的累枝虫、聚缩虫或钟形虫等固着类纤毛虫	（1）鳗鱼禁用； （2）幼苗期及脱壳中期慎用； （3）注意增氧； （4）肥水使用效果不明显； （5）有丝状藻类、污物附着时，隔日重复使用一次
硫酸铜硫酸亚铁粉	杀灭或驱除鱼类的鳃隐鞭虫、车轮虫、斜管虫、固着类纤毛虫等寄生虫	（1）长期使用影响有益藻类生长； （2）勿与生石灰等碱性物质同用； （3）鲟、鲂、长吻鮠等慎用； （4）瘦水塘、鱼苗塘、低硬度水减少用量； （5）注意增氧，缺氧勿用； （6）勿用金属容器盛装

续表

药物名称	适应征	使用注意事项
盐酸氯苯胍粉、地克珠利预混剂	杀灭或驱除鱼类孢子虫	斑点叉尾鮰慎用盐酸氯苯胍粉

（2）抗蠕虫药：水生动物蠕虫主要包括指环虫、三代虫、单殖吸虫、复殖吸虫和线虫等。蠕虫可寄生在水生动物的体内或体表，其中以扁形动物的一些种类危害较大，如单殖吸虫和复殖吸虫，可造成鱼类大批死亡。常用的抗蠕虫药见表1-5。

表1-5　水产养殖常用抗蠕虫药

药物名称	适应征	使用注意事项
阿苯达唑粉	治疗鱼类由双鳞盘吸虫（鳃部）、贝尼登氏吸虫、指环虫、三代虫和黏孢子虫等引起的疾病	
吡喹酮预混剂	杀灭或驱除鱼体内的棘头虫、绦虫等寄生虫	
甲苯咪唑溶液、复方甲苯咪唑粉	治疗鱼类指环虫病、伪指环虫病、三代虫病等单殖吸虫类寄生虫病	（1）叉尾鮰、大口鲇禁用，特殊养殖品种慎用；（2）贝类、螺类等养殖水体禁用
精制敌百虫粉、敌百虫溶液	杀灭或驱除鱼类的中华鳋、锚头鳋、鱼鲺、三代虫、指环虫、线虫、吸虫等寄生虫	（1）虾、蟹、鳜、淡水白鲳、无鳞鱼、海水鱼禁用，特种水产动物慎用；（2）不得与碱性药物同用；（3）溶解氧低时禁用；（4）中毒时，阿托品或碘解磷定可用作解毒剂

（3）抗甲壳动物药：水生动物常见的寄生甲壳动物有中华鳋、锚头鳋、鱼鲺和日本鱼怪等。抗寄生甲壳动物药绝大部分直接作用于水生动物和寄生其体表的虫体，不仅具有较大的毒性，而且直接影响着水环境，所以使用时应严格控制使用浓度和次数。常用的抗甲壳动物药见表1-6。

表1-6 水产养殖常用抗甲壳动物药

药物名称	适应征	使用注意事项
高效氯氰菊酯溶液、氰戊菊酯溶液、溴氰菊酯溶液、辛硫磷溶液	杀灭鱼类的中华鳋、锚头鳋、鱼鲺、三代虫、指环虫等寄生虫	（1）水温较低时降低剂量； （2）水体缺氧时禁用； （3）虾、蟹、鱼苗禁用； （4）严禁同碱性或强氧化性药物混合使用； （5）虾、蟹、鳜、淡水白鲳、无鳞鱼禁用，鲌、鲴和鲷慎用（辛硫磷溶液）

3. 消毒药物

消毒药物是指以杀灭水体中的微生物（包括原生动物）为目的所使用的药物。常用药物有醇类、醛类、卤素类、氧化物、季铵盐类、金属化合物和染料等。在水产养殖中使用较多的主要为卤素类、氧化物和季铵盐类。常用的消毒药物见表1-7。

表1-7 水产养殖常用消毒药物

分类	药物名称	适应征	使用注意事项
醛类	浓戊二醛溶液、稀戊二醛溶液	用于水体消毒，防治水产养殖动物由弧菌、嗜水气单胞菌、爱德华氏菌等引起的细菌性疾病	（1）勿用金属容器盛装； （2）避免接触皮肤和黏膜； （3）瘦水塘慎用； （4）勿与强碱类物质混用； （5）使用后需增氧
卤素类	含氯石灰、石灰、高碘酸钠、聚维酮碘溶液、三氯异氰脲酸粉、溴氯海因粉、次氯酸钠溶液	用于水体消毒，防治水产养殖动物由弧菌、嗜水气单胞菌、爱德华氏菌等引起的细菌性疾病	（1）勿用金属容器盛装； （2）缺氧、浮头前后禁用； （3）瘦水塘减量用； （4）苗种慎用； （5）对皮肤有刺激性
卤素类	复合碘溶液、碘附（Ⅰ）	防治水产养殖动物细菌性和病毒性疾病	（1）不得与强碱或还原剂混用； （2）冷水鱼慎用； （3）水体缺氧时禁用
卤素类	蛋氨酸碘、蛋氨酸碘粉	用于水体和对虾体表消毒，预防对虾白斑病	勿与维生素C类强还原剂同时使用

续表

分类	药物名称	适应征	使用注意事项
季铵盐类	苯扎溴铵溶液	防治水产养殖动物由细菌性感染引起的出血、烂鳃、腹水、肠炎、腐皮等细菌性疾病	（1）勿用金属容器盛装； （2）严禁与阴离子表面活性剂、碘化物和过氧化物等混用； （3）软体动物、鲑等冷水性鱼类慎用； （4）瘦水塘慎用； （5）使用后需增氧
其他	戊二醛、苯扎溴铵溶液	用于水产养殖动物、养殖器具消毒	（1）勿与阴离子类活性剂及无机盐类消毒剂混用； （2）软体动物、鲑等冷水性鱼类慎用

4．中草药

中草药是中药和草药的总称。中药是中医常用的药物，草药是指民间所应用的药物。中草药的化学成分极为复杂，一种中草药往往含有多种化学成分。中草药的化学成分通常分为有效成分和无效成分两种，有效成分包括生物碱、苷类、挥发油、鞣质等；无效成分有树脂、油脂、糖类、蛋白质及色素等。中草药具有许多化学物质无法媲美的优点，即天然性、多功能性、无毒副残留性以及不易诱导耐药性。常用的中草药见表1-8。

表1-8　水产养殖常用中草药

疾病分类	药物名称	主治病症
细菌性疾病	十大功劳、大黄、大蒜、山银花、马齿苋、五倍子、白头翁、半边莲、地锦草、关黄柏、苦参、板蓝根、虎杖、金银花、穿心莲、黄芩、黄连、黄柏、辣蓼、墨旱莲、山青五黄散、双黄苦参散、双黄白头翁散、青板黄柏散、三黄散、板蓝根末、地锦草末、大黄末、大黄芩鱼散、根莲解毒散、苍术香连散、加减消黄散、大黄五倍子散、穿梅三黄散、青连白贯散、虎黄合剂、苦参末、大黄芩蓝散、蒲甘散、青莲散、清健散、板蓝根大黄散、大黄解毒散、地锦鹤草散、石知散、青连白贯散	烂鳃、腐皮、赤皮、肠炎、出血、竖鳞、白头、白嘴、疖疮、烂尾等细菌性疾病

疾病分类	药物名称	主治病症
病毒性疾病	清热散	鱼病毒性出血病
	六味黄龙散	预防虾白斑综合征
	银翘板蓝根散	对虾白斑病、河蟹抖抖病
	七味板蓝根散	甲鱼白底板病、腮腺炎
	蚌毒灵散	三角帆蚌瘟病
寄生虫性疾病	石榴皮、穿心莲、雷丸槟榔散	鱼锚头蚤病
	绵马贯众、槟榔、川楝陈皮散	鱼毛细线虫病、绦虫病
	百部贯众散	黏孢子虫病
	苦参末、雷丸槟榔散	车轮虫、指环虫、三代虫病
真菌性疾病	五倍子末	水霉病、鳃霉病
其他	筋骨草、虾蟹脱壳促长散、脱壳促长散	促虾蟹脱壳，促进生长
	连翘解毒散	黄鳝、鳗鱼发狂病
	扶正解毒散、黄连解毒散、驱虫散	感染性疾病的辅助性防治
	肝胆利康散、板黄散、柴黄益肝散、龙胆泻肝散	肝胆综合征
	六味地黄散、芪参散	增强机体抵抗力
	利胃散	增强食欲，辅助消化，促进生长

5.调节水生动物代谢及生长的药物

调节水生动物代谢及生长的药物指以改善养殖对象机体代谢、增强机体体质、病后恢复和促进生长为目的而使用的药物，通常以饵料添加剂方式使用，主要有矿物质、维生素、氨基酸、脂质、激素、酶制剂等几大类。常用的调节水生动物代谢及生长的药物见表1-9。

表1-9　水产养殖常用调节水生动物代谢及生长的药物

分类	药物名称	作用及注意事项
维生素	维生素C钠粉（水产用）	预防和治疗水产动物的维生素C缺乏症等。勿与维生素B_{12}、维生素K_3以及含铜、锌离子的药物混合使用
	亚硫酸氢钠甲萘醌粉	肝脏合成凝血酶原（因子Ⅱ）的必需物质，用于辅助治疗鱼、鳗、鳖等水产养殖动物的出血、败血症
激素	注射用促黄体素释放激素A_2、注射用促黄体素释放激素A_3	使鱼类垂体释放促性腺激素，用于鱼类催情，诱发排卵
	注射用复方鲑鱼促性腺激素释放激素类似物	促进促性腺激素释放，用于诱发鱼类排卵和排精。使用本品的鱼类不得供人食用
	注射用复方绒促性素A型、注射用复方绒促性素B型（水产用）、注射用绒促性素（Ⅰ）	促进亲鱼性腺发育成熟，主要用于鲢、鳙亲鱼的催产
促生长剂	盐酸甜菜碱预混剂	促进鱼、虾生长

6. 环境改良剂

环境改良剂是指以改良养殖水域环境为目的而使用的药物，包括底质改良剂、水质改良剂和生态条件改良剂。常用的环境改良剂见表1-10。

表1-10　水产养殖常用环境改良剂

药物名称	作用
过硼酸钠粉、过碳酸钠、过氧化钙粉、过氧化氢溶液	增加水中溶解氧，改善水质，预防和救治水产动物浮头
硫代硫酸钠粉、硫酸铝钾粉	用于池塘的水质改良，降低水体中氨、氮、亚硝酸盐、硫化物等有害物质的含量
氯硝柳胺粉	清塘药，对钉螺、椎实螺和野杂鱼等有良好的杀灭作用

7. 水产用疫苗

生物制品是由微生物、寄生虫及其代谢产物或免疫应答产物制备而成的，可分为疫苗、类毒素、诊断制剂、抗血清、微生态制剂等几大类。其中，疫苗是利用具有良好免疫原性的微生物制备而成的生物制剂，动物接种后能产生相应免疫力以预防疾病，包括细菌性疫苗、病毒性疫苗以及寄生虫疫苗。目前在我国已批准使用的水产用疫苗有8种，见表1-11。

表1-11　我国已批准使用的水产用疫苗

疫苗名称	作用
草鱼出血病灭活疫苗	预防草鱼出血病，免疫期为12个月
牙鲆鱼溶藻弧菌、鳗弧菌、迟缓爱德华菌病多联抗独特型抗体疫苗	预防牙鲆鱼溶藻弧菌、鳗弧菌、迟缓爱德华菌病，免疫期为5个月
鱼嗜水气单胞菌败血症灭活疫苗	预防淡水鱼类特别是鲤科鱼的嗜水气单胞菌败血症，免疫期为6个月
草鱼出血病活疫苗（GCHV-892株）	预防草鱼出血病，免疫期为15个月
鱼虹彩病毒病灭活疫苗	预防真鲷、鲕鱼属、拟鲹的虹彩病毒病
大菱鲆鳗弧菌基因工程活疫苗（MVAV6203株）	预防大菱鲆鳗弧菌病
大菱鲆迟钝爱德华氏菌活疫苗（EIBAV1株）	预防大菱鲆迟钝爱德华氏菌病
鳜传染性脾肾坏死病灭活疫苗（NH0618株）	预防鳜传染性脾肾坏死病

思考题

1.在水产品药物残留的快速检测中，应用最为广泛也最成熟的快速检测技术是什么？其特点有哪些？

2.简述水产品中抗生素残留快速检测方法——胶体金免疫层析技术的原理和基本步骤。

3.对于水产品农药残留，常见的快速检测技术有哪些？

4.基于智能手机的快速检测技术是否符合快检的发展方向？

5.不同渔药给药方式下的给药剂量该如何计算？

6.目前水产养殖中允许使用的抗生素类药物有哪些？

7.使用渔药时如何选择适宜的给药时间？

第二章 水产品快检实验室建设

在养殖场、合作社、乡镇和农贸市场等建立水产品快速检测实验室，可以实现水产品质量安全实时监测，及时排查各种隐患，加大水产品监测覆盖面，为基层水产品质量监管服务。

第一节 设施设备配备

一、实验室场地要求

1.实验室选址

实验室应选址在准备长期开展快速检测的区域，优先考虑基础设施完善、交通便利、通信良好的地区。同时考虑减少公害和交叉污染，与人群集中办公区域和其他场所有效隔离。

2.功能区域划分

在开展快速检测工作时，先将抽取完成后的样品送入实验室，然后要经过样品接收、样品制备、样品检测、检测结果登记、数据上报和档案留存等环节。为保证实验室内的工作有序开展，避免交叉污染使检测结果出现偏差，应根据快速检测工作的不同环节对实验室区域进行功能划分，具体分区及功能见表2-1。

表2-1　快检实验室功能分区

功能分区		功能
实验区	制样区	用于样品制备
	前处理区	用于药物残留检测过程中的提取、净化
	检测区	用于试剂条显色和检测结果上机读取
办公区		用于样品接收、核对和登记，出具检测报告，数据上传，档案存放等工作
宣传区		用于水产品质量安全知识科普宣传和快速检测信息公示

3.环境条件要求

实验室内部应当通风良好，光线明亮，温湿度可控，满足仪器设备运行和检测方法对环境的要求（图2-1，图2-2）。

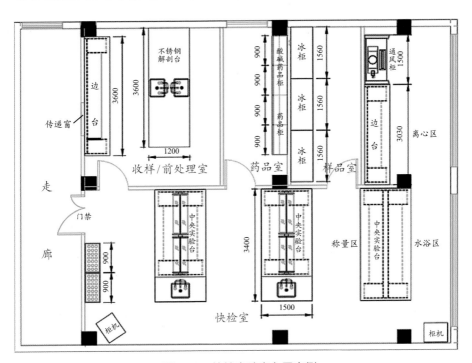

图2-1　快检实验室布局实例

图2-2　快检实验室布局实景

4．实验室布局要求

快检实验室布局设计应满足但不限于以下要求：

（1）根据水产品日常性检测工作量，确定其建设规模，应满足实验室功能分区的基本要求。

（2）进行功能分区，划分实验区和办公区，鼓励设置食品安全宣传区。实验区、办公区、宣传区应布局合理，导视标识清晰。实验区应能满足放置检测相关仪器设备及实验操作的条件要求。对互有影响、可能干扰检测结果的相邻区域应采取有效分离或分隔。

（3）配备足够的照明设备，其照明亮度应能满足检测工作的正常进行。

（4）配备空调设备，以满足符合工作要求的恒温和湿度条件，配置合格的温湿度监测仪器定期对温度、湿度进行监测。

（5）配备通风系统，挥发性有机试剂操作在通风柜中进行，保证检测人员生命安全。

（6）供水系统的布局应满足检验需求，制样和前处理区域应具备水池，水池和排水系统应采用防锈、耐腐蚀材料。

（7）电力供应应满足快检实验室的所有用电要求，电源插座充足，布局合理，能满足检验需求。

（8）实验台前处理操作台面应采用防水、防锈、耐腐蚀材料。

（9）应根据要求配备消防器材和防盗安全设施。

（10）应配备紧急处理意外伤害的设施和急救药箱，放于固定位置，便于使用。

（11）实验室人员岗位分工、检测流程、管理制度和工作规范等重要内容应形成上墙资料，指导工作开展。

（12）配备办公设备等硬件，满足实验室快速检测工作开展需求。

快检实验室基本设施配备见表2-2。

表2-2　快检实验室基本设施和设备配置表

序号	名称	用途及要求
1	实验台	操作台面要求防水、防锈、耐腐蚀
2	试剂柜	存放试剂和耗材，要求耐腐蚀
3	冰箱	存放样品和溶剂，冰箱应具有冷藏和冷冻功能
4	器皿柜（架）	存放玻璃器皿
5	通风系统	实验室通风，通风系统应具有调节流速和流量的功能
6	消防器材	灭火器、灭火毯等，用于发生火灾时急救
7	急救装备	消毒液、洗眼杯、喷淋装置、烫伤膏、包扎用品等，用于发生化学伤害时急救
8	办公用品	桌椅、电脑、打印机和复印机等办公用品
9	文件柜	存放文件，要求带锁

二、实验设备和材料

快速检测流程一般包括样品制备、样品称量、提取、净化、浓缩、复溶、结果读取等步骤。水产品快速检测实验室应当配备相应的仪器设备及试剂耗材使其具备独立开展快速检测的能力。配备的仪器设备和试剂耗材应满足实验室拟开展的所有水产品快检检测项目的要求。

1. 仪器设备配置

快速检测实验室应配备相应的仪器设备（图2-3）。根据快速检测流程，对使用的仪器、功能、技术指标和配置数量进行说明。快速检测实验室仪器设备配置具体见表2-3。

均质机

电子天平

水浴锅

低速离心机

样品浓缩仪

胶体金读数仪

图2-3　快速检测实验室部分仪器

表2-3　快检实验室仪器设备配置表

仪器名称	功能	技术指标	数量/台
均质机	用于样品制备时将水产品组织粉碎，均质均匀	功率和容量能够满足200g肉样同时均质，配置2个搅拌杯	1
电子天平	用于样品或固体试剂的准确称取	量程范围为0～200g，精度为0.01g/0.001g	1～2
振荡或旋涡仪	用于提取时试剂和样品的分散和混匀	震荡速度和时间可控	1
恒温水浴锅	恒温反应，主要用于水产品中硝基呋喃类代谢物检测时的衍生化	时间和温度可控制，温度范围为室温至100℃	1
离心机	用于液体和样品的快速分离	可同时离心6个样品，转速和时间可调节，转速不小于4000r/min，可离心15mL和50mL离心管	2

仪器名称	功能	技术指标	数量/台
浓缩仪	利用气体吹扫和加热来达到有机溶剂浓缩的效果	可同时吹干12个样品，加热温度范围为室温至105℃，气体流速和加热温度可控	1
读数仪	用于检测结果的读取	带打印功能；配置外接数据接口；仪器自带二维码识别功能，可自动读取胶体金二维码检测卡并实时上传至指定系统	1～2
纯水制备仪	用于实验室检测用水的制备	产水量为1.0～1.5L/min，出水电阻率（25℃）为18.2MΩ·cm	1
车载冰箱	用于采样时样品保存	温度范围为 -18～10℃	1
卧式冰柜	用于检样和备样保存	温度范围为 -20～10℃	1

检测人员对拟购买的仪器设备的技术指标、性能进行调研和选型，提出评价意见，经负责人审核，与供货商联系，确定技术指标、安装调试要求、质量验收标准，最后由实验室负责人签订购买合同。

仪器设备到货后，对仪器进行验收，按使用说明书或装箱单检查有无缺件或损坏。对仪器进行安装调试，确认符合所规定的技术条件后，填写仪器设备接收记录。对仪器统一编号并存放在固定位置。将仪器使用说明书、出厂合格证、仪器设备操作指导书、仪器验收记录等资料进行存档。

2. 试剂和耗材准备

快速检测试剂盒是快速检测工作的主要耗材，其质量好坏直接关系到检测结果的准确性。关于试剂盒筛选和验收工作详见第四章第二节。

大部分快速检测试剂盒配置有相应的试剂，而有些试剂盒需要实验人员配置提取剂和净化剂。一般的提取剂包括乙酸乙酯、乙腈和甲醇等，常见的净化剂为正己烷。实验人员应根据使用的快速检测试剂盒说明书中的要求进行试剂配备。除了试剂之外，快速检测过程需要使用离心管、手套、刀具等耗材和工具（图2-4）。快速检测实验室常用的试剂、耗材和工具见表2-4，可根据实际情况进行增减。

快速检测试剂盒　　　　　　　　　检测耗材

抽样耗材　　　　　　　　　制样耗材和工具

图2-4　快检实验室部分耗材和工具

表2-4　主要试剂、耗材和工具一览表

序号	类别	名称
1	试剂	乙腈（500mL，分析纯）
		甲醇（500mL，分析纯）
		乙酸乙酯（500mL，分析纯）
		正己烷（500mL，分析纯）
2	检测耗材和工具	快速检测试剂盒
		移液枪（200μL、1mL、5mL）
		移液枪枪头（200μL、1mL、5mL）

序号	类别	名称
2	检测耗材和工具	移液枪枪头盒（200μL、1mL、5mL）
		离心管（15mL、50mL）
		离心管架（15mL、50mL）
		PE手套（S号、M号、L号）
		量筒（500mL、100mL、10mL）
		容量瓶（250mL、100mL、10mL）
		烧杯（500mL、250mL、100mL）
		秒表
3	抽样耗材	封样袋
		透明胶带
		抽样封条
		三联抽样单
4	制样耗材和工具	乳胶手套
		不锈钢菜刀
		剪刀
		塑料砧板
		称量勺
		样品袋

　　实验室仪器设备数量可根据实际情况进行配置，若检测样品量较少，资金有限，实验室规模较小，则可考虑配置多功能快速检测箱（图2-5）。快速检测箱包含快速检测中所需要的所有前处理仪器、设备以及配套材料，便于流动检测携带。

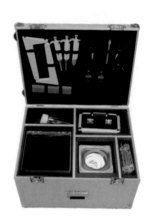

图2-5　多功能快速检测箱

3.快检试剂产品选购

快速检测试剂盒是快检技术方法的载体，不合格的试剂盒将直接导致无效或者错误的检测结果。

对水产品快速检测技术产品进行选购时，首先要对市场上销售的食品快速检测产品进行市场调研，调研时应着重考虑以下几个方面：

（1）生产企业资质。试剂盒生产商应当是依法登记注册，具有自主知识产权的企业。调研生产企业规模，企业的人员、技术、资金投入以及产品获得的相关部门认可或相关部门使用情况等方面内容。最好能够采用通过农业农村部组织的水产品中药物残留快速检测试剂盒性能现场验证的快速检测试剂盒进行检测。

（2）产品检出限。食品快速检测技术手段一般为定性检测，产品的最低检出水平（检出限）是决定样品阴性和阳性的关键技术指标。检测试剂盒检出限应满足实际检测要求，当检测项目是禁用药物时，产品的检出限应该小于或等于参比国家标准检测方法的检出限水平。当检测项目是限用药物时，产品的检出限应该小于或等于国家相关安全限值标准，如GB 31650—2019《食品安全国家标准　食品中兽药最大残留限量》中规定的限量值。当市面上的试剂盒检出限无法达到以上要求时，应当选择与检出限尽量接近的产品。水产品中常见的禁、限用药物的快速检测试剂盒检出限要求见表2-5。

表2-5　常见快速检测产品检出限要求

检测项目	快速检测检出限 / (μg/kg)
呋喃西林代谢物	1.0
呋喃妥因代谢物	1.0
呋喃它酮代谢物	1.0
呋喃唑酮代谢物	1.0
氯霉素	0.3
孔雀石绿	1.0
五氯酚钠	1.0
恩诺沙星（含环丙沙星）	100
氧氟沙星	2.0

（3）性能质量指标。对快速检测试剂盒的产品包装、标签、使用说明书和质检合格证等性能质量指标进行审查评价，具体见表2-6。

表2-6　水产品快速检测试剂盒性能质量指标评价内容

评价指标	评价内容
产品包装	产品包装应完整，产品组成齐全，应包含产品合格证、使用说明、免疫胶体金卡条和试剂，试剂应密封性良好
标签	标签应清晰、规范，内容包括产品名称、批号、规格、数量、有效期、保存条件、注意事项、生产者、地址、联系方式等
使用说明书	使用说明书内容表述清晰、完整，内容包括简介、适用范围、检测时间、检测原理、特异性（存在交叉反应的化合物及其交叉反应率）、产品组成、需增加的试剂和设备、注意事项、保存时间、储存条件、样品处理、检测操作步骤、结果判断、检出限、安全性说明等
质检合格证	同批次产品应出具性能评价报告或者出厂检验报告。明确食品快速检测技术产品的特异性、灵敏度，最好能给出产品1倍检出限的阳性检出率和2倍检出限的阳性检出率

（4）其他要求。在选择试剂盒时，最好能够选择配备试剂盒读卡仪的产品，在肉眼不易判别的情况下可以用读卡仪更准确地读取结果，同时方

便结果快速上传和导出。满足上述条件的同时还应综合考察产品使用安全性、操作简便性、经济适用性等综合因素。

快检试剂盒和相关试剂应该按照产品说明书上要求的储藏条件合理储藏，要求厂家提供的试剂有效期自到货之日起不少于半年。应对购入的化学试剂进行验收，检查产品的名称、标签、出厂日期、品级商标、厂名、合格证等，把好质量关，"三无"产品及超过保质期的产品不得验收入库。

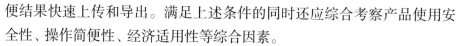

第二节 人员技能培训

快检人员的专业素质决定了实验室的检测水平。人员的理论知识水平、专业技术技能、规范开展实验的意识是检测结果准确的基本保证。开展水产品快速检测存在一定的技术难度，需要检测人员具备一定的专业技术素养。基层工作人员是开展水产品快检的中坚力量。目前，基层专业检测技术人才匮乏，承担检测任务的往往是基层一线经过临时短期培训的监管人员，他们专业不对口，缺乏深度培训，检测能力薄弱，大多数人员由于工作职能交叉等因素无法专职专用，流动性大，严重影响了基层快检工作的质量和发展。因此，加强人员管理和培训，明确工作职责，细化人员分工，规范工作流程，制定管理制度，建立一支稳定性好、专业素质硬、责任意识强的基层快检队伍是推动基层水产品快速检测实验室发展的关键。本节对基层快速检测实验室的人员配备及培训做出介绍。

一、人员配备要求

快速检测实验室应当至少配备负责人1名，采样和样品管理人员1名，检测人员2名。所有人员应当分工明确，规范开展实验室活动，经过培训考核后持证上岗。

1.负责人任职资格及职责

（1）任职资格：应具有本科以上学历，具备至少2年的食品检验相关工作经历，精通本专业业务和检测技术，熟悉业务管理，经培训考核后熟悉掌握《食品安全法》《农产品质量安全法》及相关法律、法规知识。

（2）职责。

①负责实验室全面管理及运行工作。

②负责人员培训和考核工作的安排和组织实施。

③负责工作计划的制定和实施，安排、检查、督促检测人员按规定要求完成检测任务。

④负责组织有关检测数据质量、阳性样品的复检（仲裁检验）检测的工作。

⑤负责原始数据的审核和签发，分析报告的总结和上报。

⑥负责消耗性材料采购审核，负责监督档案管理、样品管理和耗材管理等内务工作的实施。

⑦负责实验室日常安全管理。

⑧负责实验室的质量控制和监督，检验工作是否规范，检验过程是否客观、公正，原始记录是否完整，检测结果是否准确，对实验室出现的不合格项进行调查分析，提出纠正措施并组织实施。

2.检测人员任职资格及职责

（1）任职资格：应具有食品、化学、生物、药学或相关专业专科以上学历，或者具有至少2年的相关工作经历，具有与所从事工作相适应的专业基础知识，经培训考核后熟悉掌握《食品安全法》《农产品质量安全法》及相关法律、法规知识，能独立完成所从事的检测工作，经考核后上岗。

（2）职责。

①负责样品的检测，并对其工作质量负责。

②负责检测原始记录和数据处理，出具报告，结果上报。

③负责校对同岗位人员的检测结果。

④保证实验室环境条件符合要求，进行实验室内务管理，保证实验室安全和卫生。

⑤负责检查并记录仪器使用情况，对仪器进行日常维护、保养和报修，及时做好相关记录。

⑥采购试剂和耗材，验收入库的试剂和耗材，并检查其数量、质量、规格型号，根据试剂存放条件进行试剂存储。

3．采样和样品管理人员任职资格及职责

（1）任职资格：高中以上学历，熟悉现场采样技术、采样程序和制样方法，经考核后上岗。

（2）职责。

①负责采样前的现场情况调查，确定采样方案，包括采样点的数量、采样地点、样品种类、采样点位、采样量等。

②采/抽样时，严格按有关标准、规范、规程的要求，确保样品的代表性。

③负责填写采/抽样记录。

④采/抽样完毕后，妥善保存和封装样品。运输时，应采取适当措施确保样品不变质、不被污染。

⑤样品带回实验室后，负责样品的标识、日常检测样品的制备、备样的贮存和过期样品的处理和管理。

二、快检人员培训

为了确保快速检测实验室有效运行所需的人力资源适宜性，应定期对工作人员进行教育和培训，不同岗位的人员具有完成特定职责的能力，满足实验室当前和预期检测任务的需求。

快速检测工作人员必须经过严格的上岗培训，保证其理论水平和操作技能满足要求。培训内容包括相关法律法规、管理制度、检测知识、实操技能等方面，主要通过规章制度宣贯，根据人员职能分别进行采样、制样、快速检测等技术培训。快速检测工作人员必须经过上岗考核，考核合格确保具有相应的资格和能力后方可持证上岗（图2-6）。在工作开展过程中，应定期组织快速检测人员开展技术培训，不断提高技术水平，更新检测知识，掌握新的快速检测方法，加强队伍专业技能建设，提升水产品快速检测工作质量。

图2-6　快检人员上岗工作证

1. 培训计划

根据工作需求制定培训计划，包括上岗培训和定期培训等，确定受培训人员、培训目的和内容、授课人员、培训教材、培训时间以及考核、验收办法。

2. 培训内容

（1）人员教育：对全体人员进行的有关公正行为、产品与消费以及安全和防护知识、突发事故安全处置等相关知识的培训。

（2）规范培训：食品安全相关的法律法规如《食品安全法》《农产品质量安全法》《农产品质量安全监测管理办法》《浙江省实施〈中华人民共和国食品安全法〉办法》等，实验室制度的管理规范如《快检实验室管理制度》《检测人员行为规范》等内容的培训。

（3）技能培训：有关技术标准或规范的培训，如GB 31650—2019《食品安全国家标准　食品中兽药最大残留限量》、农业农村部公告第250号、原农业部公告第2292号等安全限量标准和规范；《水产品抽样规范》《农产品质量安全监测管理办法》《产地水产品质量安全监督抽查工作暂行规定》等相关标准和规范；水产品快速检测方法原理、检验检测操作技能、标准操作规程、质量控制要求、仪器设备工作原理、操作和维护保养、数据处理知识、快速检测信息录入系统使用等相关内容。

3．培训方式

培训方式有内部培训和外部培训两种形式。

（1）内部培训：指由实验室内部组织进行的培训。

（2）外部培训：指到相关机构、仪器设备厂家、学术团体去参加的培训。由这些机构或组织的人员来实验室进行的培训，也属于外部培训，这种培训所取得的资格，可充分作为人员检测能力的证明。

4．培训考核

对培训人员进行考核，上岗培训必须考核，其他根据需要考核，考核不合格的人员要重新培训。

上岗考核：考核可采取理论考试和实操考核相结合的形式。理论考试内容应当包括相关法律法规、技术规范、实验室安全防护等内容。实操考核可根据不同岗位分别设置，采样岗位可通过常见水产品样品制备进行考核，检测岗位可通过盲样考核的方式对其实验操作技能进行考核，盲样考核需填写"检测分析考核记录表"。新上岗人员在培训考核时应由熟悉检验检测方法、程序、目的和结果评价的人员对被考核人员进行监督。

5．培训记录

内部和外部培训都要对培训内容和结果进行记录，记录进行归档和保存。

6．人员档案管理

每位工作人员应建立技术档案，保证技术档案的完整、有效、保密。

人员技术档案应包括下列内容：

（1）人员简历。

（2）反映业绩有关材料（包括论文、著作、科研成果等）。

（3）培训和技能考核记录及证书复印件。

（4）上岗证复印件。

（5）有关资格证书（证明）复印件。

第三节　工作管理规范

快检实验室应严格按照法律法规和上级要求，制定符合实际、操作性强的实验室工作制度和管理规范，对人员、设施、环境、记录保存、结果保密、安全卫生与管理等做出规范性约束，确保快检实验室的正常运行。将水产品快检硬件设备和水产品快检软件制度有机结合，更好地发挥水产品快检实验室在基层水产品质量安全监管中的作用。水产品快检将成为新时期食品安全监管的利器。

制定检测工作流程，包括接收任务、样品采集、样品预处理、样品检测、结果上报等全过程。应制定实验室工作制度，明确人员岗位责任、仪器设备、试剂供应品、样品管理、抽样、样品检测、质量保证等内容。相关管理制度应包含且不限于《检测人员行为规范》《快检室安全规范》《快检室管理制度》《水产品快检抽检制度和质量保证》《抽样管理规范》等内容。

一、快速检测工作流程

当拟开展快速检测工作时，首先应当从"人、机、料、法、环"等方面对快检实验室进行标准化建设，使其具备开展快速检测工作的条件。当接收到快速检测任务时，可参照以下步骤开展工作：

（1）结合快检实验室和检测实际情况，制定工作实施方案，进行任务详细分解，指导工作进行。

（2）进行抽样工作，填写抽样单，对样品按照一定编码规则进行编号，按需求进行拍照记录。

（3）对采集到的样品进行制样工作，每个样品分为检样和备样。检样进入流转检测，备样留存待检。

（4）根据不同检测项目对样品进行前处理和上机检测。

（5）填写检测记录，出具检测报告，根据需要将检测结果上传至农产品质量安全监管平台。

（6）当出现不合格样品时，及时安排快检复测，复测确认仍为不合格时，及时上报主管部门。

（7）当完成全部抽检工作时，进行数据汇总和分析，形成工作报告进行上报。

具体流程详见附录1。

二、检测人员行为规范

（1）热爱本职工作，坚守岗位，忠于职守，钻研业务，严格遵守国家有关法律、法规，遵守单位和实验室的各项规章制度。

（2）检测人员从事的检测活动，应当依照国家有关法律、法规和标准、检验规范的规定，尊重科学，恪守职业道德，并保证向社会出具的检测数据和结果客观、公正和准确。坚持原则，秉公办事，抵制干扰，保证检测数据的真实性和判断的独立性，严格维护检测结果的科学性和公正性。

（3）检测人员上岗操作时，需穿戴好实验服，戴手套进行实验操作。

（4）做好检测准备工作，熟悉检测项目的检测规程、规范标准和要求，按规定检查样品、仪器设备、环境条件，各项合格后方可进行检测。如仪器出现故障或对其性能产生怀疑时，应立即停止检测，查找原因，待其恢复正常后再进行检测。

（5）检测人员对各自的检测工作质量负责，严格按照检测规程、规范标准和有关规定进行检测。准确读数，认真填写记录，项目齐全，字迹清晰，并对试验检测数据的真实性和准确性负责，出具检测报告。检测资料应认真整理，及时归档。

（6）严格按操作规程和规范要求使用仪器设备，爱护设备，注意保养。发生故障或异常情况时，及时报告负责人，并提出解决的建议和措施。会同有关人员及时排除故障，使其恢复正常。

（7）努力学习专业知识，不断提高检测技术水平。

（8）遵守劳动纪律，恪守职业道德，有权拒绝委托单位的不合理要求，做到公正检测。

（9）按规定时间完成各项工作任务。

三、快检实验室安全规范

（1）所有进入实验室的人员都必须遵守实验室有关的规章制度。非检验人员未经许可不得随意进入检验室，外单位来学习交流需和实验室负责人确认批准后，工作人员全程陪同下方可进入。

（2）检测人员不得在实验室饮食、娱乐、化妆，实验室操作用的玻璃容器不能用来盛载食物和饮料，实验室的冰箱、冰柜不可存放食物。

（3）实验室及走廊禁止吸烟，特别是在有易燃、易爆的试剂气体场所或做有关实验时，严禁烟火。

（4）实验工作结束后，必须关好电源和仪器开关。下班前，各实验室负责人必须检查操作的仪器及整个实验室的门、窗和不用的水、电、气路，并确保关闭。清扫易燃的纸屑等杂物，消灭隐患。确保安全无误，方可离室。

（5）废液、废渣应按规定收集、排放或到指定地点进行处理，禁止将废溶剂、反应废液向下水道倾倒。

（6）在对有毒、有害、刺激性、腐蚀性物质进行操作时，应戴好防护手套、防爆面具、防护镜。

（7）实验室出口、走廊等安全通道任何时候都应保持通畅，并配备一定数量的消防器材，消防器材要摆放在明显、易于取用的位置，并定期检查，严禁将消防器材移作别用。如遇火警，除应立即采取必要的消防措施灭火外，应马上报警，并向上级报告，火警解除后要注意保护现场。

（8）对实验室钥匙进行严格管理，钥匙的配发应由有关负责人统一管理，不得私自借给他人使用或擅自配置钥匙。

（9）如有盗窃和事故发生，立即采取措施，及时处理。必须按照规定上报，不得隐瞒不报或拖延上报，重大事故要立即抢救，保护事故现场。

（10）因人为原因造成实验室事故的，按有关规定对当事人进行纪律处分，并根据情节轻重追究有关人员的经济和法律责任。

四、快检实验室管理制度

严格遵守各项规章制度和工作流程，按照标准操作规程操作仪器和进行检测工作。

1. 环境卫生管理

(1)各实验室应注重环境卫生，并保持整洁，经常清洁实验室和设备，避免扬尘和过分潮湿。

(2)工作结束后，实验人员必须将工作台、仪器设备、器皿等清洁干净，并将仪器设备和器皿按规定归类放好，不能任意搬动和堆放。废物要放入纸篓或废物箱内，保持工作台整洁。

(3)凡有毒或易燃废弃物，均应特别处理，以防发生火灾或造成人员伤害。

(4)实验室不得随意排放废气、废液、废物，不得污染环境，应按有关规定处理。

2. 设备仪器管理

(1)若仪器设备在运行中，实验人员不得离开现场。

(2)爱护仪器设备，正确使用，做好维护保养工作。定期对仪器设备进行检测，发现故障及时安排维修，提高设备完好率。损坏一般仪器时，应及时登记、维修或报废；损坏贵重仪器时，应及时报告，按照程序及时处理。

(3)仪器设备定期进行功能检查，确保检测数据准确。

(4)各种仪器设备的档案资料应齐全、完整，原版仪器设备的随机资料一般不外借。

(5)当使用说明书不够详细、不足以指导操作时，由检测人员组织编写仪器设备使用规程，负责人审核批准。仪器设备使用规程主要包括：正常分析时仪器的具体操作步骤、设备操作过程中的注意事项、仪器的维护和功能检查方法等内容。

(6)仪器设备实行事故报告制度，发生事故，检测人员应立即报告上级部门。

3. 药品试剂管理

(1)各种药品试剂要有正确清晰的标签，分类存放，易燃、易爆、有毒物品应按规定进行保管、使用。

（2）检测人员应时常检查试剂的保质期，超过保质期或保质期内异常变质的试剂不可使用。

（3）废弃液、固体废弃物、废气不得随意倒入水槽或直接排放，必须严格按照相关规定处理，并填写废弃试剂处理记录。

（4）未经本部门领导批准，严禁私自对外发放各种药品试剂等。

4．试剂盒管理

（1）对于首次购入的试剂盒品牌做好验收工作。

（2）某一品牌的试剂盒进行验证后，再次购入不同批次的试剂盒需完成试剂和易耗品验证报告（每批次试剂盒抽取1%进行验证）。

（3）快检试剂盒和相关试剂应按照产品说明书上要求的储藏条件合理储藏。同时定期检查试剂情况，及时剔除过期试剂盒。

5．文件编制及资料存档管理

（1）所有实验室内部编制的管理规范和技术文件如仪器设备使用指导书和检测方法作业指导书等，均应形成正式书面文件，并由负责人批准，确认其有效性。同时给予其唯一性文件编码，标注编制人、批准人、实施时间等信息，加盖公章，在实验室内部留存。

（2）文件经多次更改或需大幅度修改时，应进行换版，原版文件作废，换发新版本。

（3）对技术性文件、资料（包括各类指导书、标准、规范等）、仪器设备档案、技术人员档案、抽样单、检测原始记录、结果报告副本、其他记录和需归档的文件资料进行分类、编目、登记、统计和必要的加工整理。记录和资料档案按内容分类、按时间顺序编目，数量多的可考虑区域分类，应建立记录、资料档案台账。

（4）档案应存放有序，便于存取、检索和借阅，并做到防火、防霉、防虫等，按规定期限进行保存、处置。

6．样品管理

（1）接收样品时，检查样品状况（包括外观、数量、型号、规格等），样品确认无误后，对样品加贴唯一性样品标识。检验或对外发放用样品，必须进行标识，按先后顺序分类保管。

（2）制样后的样品，检样和留样应分类存放，标识清楚，存放在固定区域冷冻保存，按规定期限进行保存、处置。

（3）检测过程中样品不使用时应始终保持闭口状态，以免受到污染。容易产生交叉污染的样品应单独存放。

7. 保密管理

（1）实验室内有关检测数据等必须遵守有关保密规定。

（2）未经许可，严禁非工作人员进入实验场所。

（3）严格执行检测报告发放范围，未经领导批准，禁止私自对外泄露有关数据、资料或进行技术交流。不得以任何形式向社会或他人提供有损客户权益的信息。

五、水产品快检抽检制度和质量保证

1. 工作方案

当承担专项抽查任务时，在任务开始前应根据抽检计划文件制定抽检工作方案，内容应包括：受检单位范围、抽样范围、抽样时间、抽样依据、抽样数量等，检测项目、复检及注意事项、结果报送等。抽查方案应当科学、客观、公平，具有代表性和公正性。对抽查中确定的产品和被抽查人的名单必须严格保密，禁止以任何名义和形式事先泄露和通知被抽查人。严格按照实施方案进行抽检。

2. 抽样

（1）抽样人员在抽样前应与当地行政人员密切配合，有效落实抽样任务。抽样时严格按照《抽样管理规范》执行。

（2）抽样方法及数量应严格按照有关标准和规定进行，以保证随机性和代表性。抽样时应对抽样现场拍照留存，确保现场抽样的真实性。

（3）样品封装完成后应置于低温环境中或在冷冻状态下保存和运输，确保样品在送达实验室检测前不变质、不被污染。

3. 制样

（1）样品送至实验室后，严格按照样品性质和检测规范制备样品。

（2）制样时，应保持器具和台面的清洁，保证样品不交叉污染，确保样品制备的质量。

（3）制样完成后应将样品按检测用样和备份用样分为等效的2个包装，其中检样用于检测使用，备样应冷冻封存，以供复检使用。

4.检测质量控制

（1）检测人员在开展工作时应严格遵守《检测人员行为规范》。

（2）检测人员应持证上岗，并按快速检测操作说明书所规定的程序开展检测工作。当说明书不明确或存在理解、操作等困难可能影响检测结果时，可编写检测方法的作业指导书。指导书应形成正式的书面文件并经过负责人批准，以保证该文件的有效性。

（3）检验工作开始前应确保检测用仪器设备通过功能检查，能够运行正常。检测人员应正确操作仪器设备，如实记录检测原始数据或现象。

（4）在日常检测工作中加入阴性或真实阳性样品穿插进行质量控制。每个检测指标每日检测样品时进行10%的平行样和1个阴性控制样品测定，同时加做1个的阳性质控样。当平行样的检测结果完全一致，且阴性控制样品和阳性质控样的结果准确时，判定该批检测数据有效；否则检测数据无效，应当对该批检测数据的有效性重新评估并查找原因。如果无法证明该批次检测结果有效，必须对该批次检测的所有数据进行重新测定，并同时按原定要求做质控实验。

（5）当检测结果为阳性时，必须用快检方式进行再次确认，实验室内部进行双人验证，应在24h内完成确认工作。在本实验室确认为阳性样品后，应在24h内上报当地主管部门，并做好复检的配合工作。确认不合格的样品，开具不合格通知单，并配合当地政府做好相关后续工作。如养殖户对检测结果有异议，先对该批水产品进行封存，按定量检测规范重新进行抽样，带回实验室进行定量检测分析后再做处理。

5.检测记录和结果上传

（1）检测完成后，检测人员应根据实验结果如实填写水产品快速检测报告单，不得涂改，如确需改动，必须由原检测人员划改签字。

（2）当日完成检测后应当形成当日检测结果记录并附质控评价。

（3）检测结果报告须由其他检测人员校对，负责人审核批准，并加盖专用章或公章。

（4）在规定时间内将结果上报或传至农产品质量安全监管平台。

（5）对于检测合格产品，可根据养殖户需求，开具水产品合格证。

（6）当完成专项任务时，应在规定时间内完成检测，并形成检测结果汇总和工作分析总结等书面报送当地主管部门。

六、抽样管理规范

（1）抽样人员应当从当地主管部门提供的参与本次检测的养殖户具体名单中抽样，不得随意抽样。无特殊情况，应保证抽样名单中的养殖户全面覆盖。每个被抽检单位只能抽取1个样品，如果有多个品种应选择当季主要养殖品种。

（2）抽样人员应事先准备好抽样器材，并保证这些用具洁净，不会对样品造成污染。

（3）抽样人员1人，应经过上岗培训。抽样时应向被抽检单位出示相关文件和抽样人员有效身份证件，告知被抽检单位抽检性质、抽检食品范围等相关信息。

（4）抽样人员应严格按照抽样规定方法抽取样品并保证样品的真实性和代表性。抽样人员应清正廉洁、依法秉公办事，对抽取样品的代表性、公正性负责。

（5）抽样完成后，样品应当按照有关规定封样和保存，并且需要现场填写抽样单，内容包括产品名称、数量、价格、抽样基数、样品数量、抽样时间、地点等信息。抽样单一式三份，由抽样人员、当地主管部门、被抽检单位代表共同签字或加盖印章，一份交被抽检单位，一份交当地主管部门，一份由抽样人员带回。抽样单上养殖户名称应尽量准确，如有印章，养殖户名称应与印章名称一致。抽样单填写尽量清晰，不得随意涂改，有修改应划改后签字。

（6）抽检组织单位不得向被抽检单位收取任何费用，并须按照市场价格向被抽检单位支付样品补偿费。

（7）被抽检单位拒绝或者阻挠抽样工作的，抽样人员应当停止抽样，向当地主管部门报告。

思考题

1.快速检测人员新上岗培训时，应该培训哪些内容?

2.快速检测实验室建立时，应该构建哪些功能区域?

3.快速检测实验室开展快速检测工作时，一般性流程是什么?

4.使用胶体金免疫层析法快速检测试剂盒进行验证时，一般包括哪些内容?

5.快速检测实验室一般配备哪些仪器设备?

第三章 水产品抽样和制备

　　水产品抽样工作作为水产品质量安全监测的基础环节，其规范性、代表性和准确性直接影响样品的检测结果。为了规范水产品抽样程序，农业农村部先后制定《官方取样程序》(农牧发〔1999〕8号)、《产地水产品质量安全监督抽查工作暂行规定》(农办渔〔2009〕18号)，对抽样机构、组织抽样单位及产地分别明确了相关权利和义务。GB/T 30891—2014《水产品抽样规范》进一步对水产品抽样方法进行了详细规定。这些抽样技术能保证采集样品的随机性、代表性和真实性，同样适用于水产品质量安全快速检测工作，是保证检测数据科学、公正、准确的重要基础。

第一节　水产品抽样准备

　　从水产品或水产加工品中抽取有代表性的样品提供检验，是保障安全检测质量的关键之一，应从技术、人员、物质三方面做好准备。

一、采样目的

　　抽样应采取必要的保密措施，事先不得通知被抽检单位具体抽样产品及抽样池塘，确保抽样的真实性。抽样目的包括以下几点：

　　(1)发现所有非法用药。

　　(2)对按照国家规定使用的兽药、农药或环境污染物的最高残留限量进行控制。

　　(3)调查和揭示动物源食品中兽药和农药等残留超过标准的有关信息。

二、技术准备

（1）明确抽样类型。不同的抽样检验所采用的抽样方法有所不同，应明确是风险调查、仲裁检验、监督检验中的哪种检验类型。

（2）熟悉抽检产品特性、质量状况、养殖生产及过程控制、生产地区情况、产品标准及验收规则等。

（3）确定检验分析内容，包括共有哪些检验项目（感官、物理、化学、微生物等），检验分析是否有破坏性。

（4）选择抽样方法。综合上述情况确定抽样方法和抽样检验水平，编制具体的抽样方案细则。

（5）建立抽样的质量保证措施，建立质控小组，拟定质量监督计划，保证抽样质量符合检测要求。

三、人员准备

抽样技术人员在抽样前应进行培训，培训内容为：抽样产品相关知识和产品标准，抽样单填写规范，已经确定的样品抽取、制样方法及抽样量，抽样、制样及封样时的注意事项，样品运送过程中的注意事项等。

监督抽检抽样人员由当地农（渔）业主管部门所属的执法人员和采样技术人员组成。其中，当地农（渔）业主管部门所属的执法人员不少于2名（执法人员均需具有执法资质），采样技术人员1名［可以由当地（农）渔业主管部门所属的执法人员兼任］。

其他抽样类型的**抽样人员**应由相关检测机构指派，抽样人员应不少于2人，并且均为该检测机构固定受控人员，其中1人必须熟悉抽样技术，能独立完成抽样任务。

四、物资准备

1. 工具器材

（1）按照水产品现场采样制备需要，准备用于现场解剖、搅拌、包装、定位、拍摄等工具设备，主要包括粉碎机、密封袋、样品袋、刀具、一次性塑料桌布、一次性手套、电子秤、保温箱（冻品或鲜品）、GPS定位仪、照相机或具有定位和拍照功能的手机、胶带（需要时）、餐巾纸、冰袋等

（图3-1）。

（2）应用无菌容器盛装用于微生物检验的样品（图3-2）。

（3）饲料样品的采集应配备合适的取样工具（图3-3）。

图3-1　采样材料和工具　　　　　图3-2　无菌袋

图3-3　专用饲料采样器

2．记录文件

为了与被抽检单位和人员良好沟通，需要准备任务文件和任务书（实施方案）、介绍信、抽样人员有效身份证件（工作证）等文件和证件。

为了现场记录和样品包装，需要准备抽样表（单）、有关记录表或调查表、抽样须知、样品标签、封样单、印泥、文件夹、纸笔文具，以及交通图、抽样方位图（养殖区域）等材料（图3-4）。

图3-4　采样的准备材料及记录单

第二节　水产品抽样方法

一、抽样基本要求

抽样检验方法是建立在概率统计理论基础上的。为保证抽样过程中抽查样品的代表性，在水产品监测工作中，抽取的样品应选择能代表整批产品群体水平的生物体，不能特意选择特殊的生物体（如规格与整批产品群体水平差异较大的、畸形的、有病的）作为样本。

1. 不同类型样本

（1）鲜品的样本应选择能代表整批产品群体水平的生物体，不能特意选择新鲜或不新鲜的生物体作为样本。

（2）查处使用违禁药的样本可在处于生长阶段或使用渔药后未经过停药期的养殖水产品中抽取。

（3）用于微生物检验的样本应单独抽取，取样后应置于无菌容器中，按照具体检测参数规定，存放温度为0～10℃，并在24～48h内送到实验室进行检验。

2. 样品检验批

（1）养殖活水产品以养殖场中同一池（池塘、小型水库等）或养殖条件相同的同一天捕捞的同一养殖产品为一检验批。同一养殖场中同一池不同养殖产品和同一养殖产品不同养殖模式不得作为同一检验批进行抽样。

（2）捕捞水产品、市场销售的鲜品以来源及大小相同的产品为一检验批。

（3）水产粗加工品以同原料、同条件下、同一天生产包装的产品为一检验批。

（4）在市场抽查水产加工制品时，以产品明示的批号为一检验批。

3.养殖、捕捞及加工水产品抽样

样品实行生产现场抽样，根据捕捞及水产养殖的池塘及水域的分布情况，合理布设采样点，从每个批次中随机抽取样品，避免集中重复抽样。原则上每个抽样主体最多在不同养殖池塘安排2个批次的抽样。

养殖产品抽样地点由各市农（渔）业主管部门按抽样任务量的1.5倍从各地的水产养殖单位数据库中随机选取，当地农（渔）业主管部门及所属的执法机构按确定的被抽检单位名单组织实施抽样工作。海洋捕捞产品在渔船到岸码头随机选定。

水产粗加工品按企业明示的批号进行抽样，同一样品所抽查的批号应相同。抽查样品抽自生产企业成品库，所抽样品应带包装。在同一企业所抽样品不得超过2个，且品种和规格不得重复。

二、不同环节抽样

1.生产企业抽样

在生产企业（养殖或粗加工企业）对水产品或水产粗加工品进行抽样时，应符合以下规定：

（1）在粗加工企业抽样时，每个检验批中随机抽取1kg（至少4个包装袋）的样品，其中一半封存于被抽检企业（为保证封存样品的保存质量，在征得被抽检企业同意的前提下可带回保存），作为对检验结果有争议时复检用，另一半由抽样人员带回，用于检验。在生产企业抽样时，被抽样品的基数不得少于20kg，被抽检企业应在抽样单上签字盖章，确认产品。

（2）在养殖场和捕捞（运输）船上每个检验批中随机抽取样品，开展水产品药物残留检测，抽样数量可以参照表3-1。

表3-1　捕捞和养殖水产品的抽样数量

样品名称	样本量	检样量/g
鱼类	≥3尾	≥400
虾类	≥12尾	≥400
蟹类	≥5只	≥400
蛙类	≥12只	≥400

续表

样品名称	样本量	检样量/g
贝类	≥3kg	≥700
藻类	≥3株	≥400
海参	≥3只	≥400
龟鳖类	≥3只	≥400
其他	≥3只	≥400

注：表中所列为最少取样量，实际操作中应根据所取样品的个体大小，在保证最终检样量的基础上，抽取样品。

2.销售市场抽样

在销售市场进行水产品及其加工品抽样时，应符合以下规定：

（1）每个检验批随机抽取1kg或至少4个包装袋的样品，其中一半由抽样人员带回，用于检验，另一半封存于被抽检企业，作为对检验结果有争议时复检用；若被抽检企业无法保证样品的完整性，则由双方将样品封好，由双方人员签字确认后，由抽样人员带回，作为对检验结果有争议时复检用。

（2）在销售市场随机抽取带包装的样品，应填写抽样单，由商店签字捺印确认并（或）加盖公章；企业应协助抽样人员做好所抽样品的确认工作，抽样人员应了解样品生产、经销等情况。

（3）在销售市场抽取散装样品，应从包装的上、中、下至少三点抽取样品，以确保所抽样品具有代表性。

第三节　抽样记录和制备

现场抽样时，抽样人员应出示相关抽检任务文件及工作证、执法证等证件（图3-5），并将"初级水产品质量安全监督抽查被抽检单位须知"等告知材料（图3-6）交于被抽检单位负责人，待被抽检单位相关负责人签字后收回回执单。

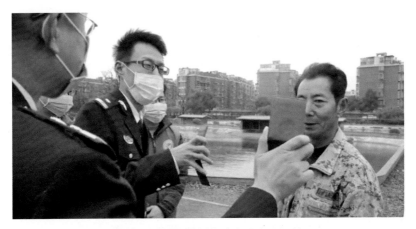

图3-5　现场抽样执法人员出示证件

图3-6　抽样须知和采样记录单

一、抽样记录要求

在抽样记录上要认真填写任务来源、产品名称、样品编号、采样地点、具体经纬度、企业名称、企业信用代码（身份证号码）、联系人、联系电话、商标、认证情况、规格型号、抽样日期、抽样数量、抽样基数、检验项目等。

1.采样记录单信息栏填写内容

（1）任务来源：监督抽查、风险专项等任务下达文件号。

（2）样品编号：［地区代码］（县区代号）/［动物品种代码］（F）/［样品种类代码］（M）/［抽样日期］（年/月/日）-序号（指当日抽取的第几份样品）。其中，地区代码可以以各地车牌首字母表示，县区代号可以用县区名称首位拼音大写字母；动物品种代码F，是英语单词fish（鱼）的首字母，表示以鱼为代表的水产品；样品种类代码M，是英语单词muscle（肌肉）的首字母，表示以肌肉为代表的水产动物组织。例：2021年5月1日在杭州淳安抽取的第一份样品，其编号为A（CA）/F/M/210501-001。

（3）样品名称：所抽样品的具体名称。

（4）规格型号：按每尾（条、只）重量、每尾长度等格式填写。

（5）商标：样品的正式注册商标，若无，则填"无"或"/"。

（6）标识：样品有无包装标识。

（7）抽样数量：所抽样品的重量或尾数，填写抽样样品数量和未经处理的样品实际重量。

（8）抽样基数：被抽样池塘（水库）的养殖库存量、捕捞量（捕捞渔船）。

（9）抽样日期：抽样当天的日期。

（10）抽样地点：所抽样品的出处，应具体到××市（县、镇）××乡（村）××养殖场××号养殖塘；××渔港××码头××船（船号）。

（11）检验项目：所抽样品需检测的项目名称或填写检测项目参见具体任务文件。

2.采样记录单信息填写要求

（1）在抽样记录上要认真填写产品的名称（尽量填写水生动物学名）、样品编号、商标、规格、批号、抽样量、库存量、抽样基数，并准确地描述产品的性状及包装方式，以及所抽样品的运输方式。

（2）应认真填写被抽检企业、生产企业的名称（应为全称，与公章的名称一致）、信用代码、地址、法人（联系人）、电话、传真、企业的性质及相关认证情况等必要信息，并由执法抽样人员（两人）签字确认后，再由被抽检单位陪同抽样人员签字确认，抽样单上应有抽样单位与被抽检单位双方的公章（当被抽检单位无法盖公章时，应由确定身份的人员签字捺印确认）。

（3）抽样单一式三份，分别由抽样单位、被抽检单位、检验单位各保留一份，并对可能被污染的样品在备注中做详细记录。

（4）抽样前填写抽样须知，让被抽检单位了解抽样任务、相关抽检内容及主管部门联系方式。

二、水产品制样

对于不同水产品，由于个体大小和形状均有不同，样品处理方法也有差异。实验室水产品样品制样可以按照GB/T 30891—2014《水产品抽样规范》附录B执行。若在生产企业和捕捞船上现场采样，没有条件按标准制样程序制备现场样品的，可以简化步骤，初步处理后带回实验室内完成制样。

（一）完整规范样品制样程序

1.鱼类

至少取3尾鱼，清洗后，去头、骨、内脏，取肌肉、鱼皮等可食部分，绞碎混合均匀后备用。试样量为400g，分为两份，其中一份用于检验，另一份作为留样。

2.虾类

至少取10尾虾，清洗后，去虾头、虾壳、肠腺，得到整条虾肉，绞碎混合均匀后备用。试样量为400g，分为两份，其中一份用于检验，另一份作为留样。

3.蟹类

至少取5只蟹，清洗后，取可食部分，绞碎混合均匀后备用。试样量为400g，分为两份，其中一份用于检验，另一份作为留样。

4.贝类

将样品清洗后开壳剥离，收集全部的软组织和体液匀浆。试样量为

700g,分为两份,其中一份用于检验,另一份作为留样。

5.藻类

将样品去除砂石等杂质后,均质。试样量为400g,分为两份,其中一份用于检验,另一份作为留样。

6.龟鳖类

至少取3只龟或鳖,清洗后,取可食部分,绞碎混合均匀后备用。试样量为400g,分为两份,其中一份用于检验,另一份作为留样。

7.海参

至少取3只海参,清洗后,取可食部分,绞碎混合均匀后备用。试样量为400g,分为两份,其中一份用于检验,另一份作为留样。

(二)现场简便制样程序

受生产现场条件限制,可以完成部分制样工作,然后带回实验室内完成制样。

1.鱼类

至少取3尾鱼。现场制样时,先用养殖塘水清洗干净。将清洗后的鱼体直接切成头尾两段,去除内脏,均匀切块(大小约为1cm×1cm×1cm),分装成"检样"和"备样"两份等效样品(图3-7)。其中大部分作为"检样",小部分作为"备样",分别装入样品袋,密封后贴上样品标签。试样量不少于400g。

图3-7　鱼类样品现场制样

2. 虾类

至少取12尾虾。现场制样时，养殖虾类用养殖塘水清洗后，去虾头、虾壳、肠腺，将虾肉混匀；海捕虾取样时必须从捕捞船的盛装容器上、中、下层分别取样后混匀，样品不可以用水冲洗（图3-8）。将混匀后的虾样分装成"检样"和"备样"两份等效样品。其中大部分作为"检样"，小部分作为"备样"，分别装入样品袋，密封后贴上样品标签。试样量不少于400 g。

图3-8 虾类样品现场制样

3. 蟹类

至少取5只蟹。现场制样时，先用养殖塘水清洗干净。将清洗后的蟹体去壳并剪成左右两块，沿蟹脚缝均匀切开（蟹脚末端两节和螯等较硬部分可以不要），分装成"检样"和"备样"两份等效样品（图3-9）。其中大部分作为"检样"，小部分作为"备样"，分别装入样品袋，密封后贴上样品标签。试样量不少于400 g。

图3-9 蟹类样品现场制样

4.龟鳖类

至少取3只龟或鳖。现场制样时，先用养殖塘水清洗干净。用刀沿背壳两边软体部分将龟壳或鳖壳扒开，去除内脏，用剪刀剖成各带两脚的头、尾两部分，分装成"检样"和"备样"两份等效样品（图3-10）。其中带头的部分作为"检样"，带尾的部分作为"备样"，分别装入样品袋，密封后贴上样品标签。试样量不少于400g。

图3-10　龟鳖类样品现场制样

5.蛙类

根据规格，平均每只50g时至少取20只蛙。现场制样时，先用养殖塘水清洗干净。去除头、皮和内脏，均匀切块（大小约为1cm×1cm×1cm），分装成"检样"和"备样"两份等效样品（图3-11）。其中大部分作为"检样"，小部分作为"备样"，分别装入样品袋，密封后贴上样品标签。试样量不少于400g。

图3-11　蛙类样品现场制样

6．贝类

根据检测目的不同，样品的制样方法也各不相同。

目前进行微生物和贝类毒素检测的样品不留样。检测其他项目的贝类样品混匀后直接分成"检样"和"备样"，分别装入样品袋，密封后贴上样品标签。试样量（净肉量）为700g。

7．藻类

去除砂石等杂质后，将样品剪成数段，混匀后直接分成"检样"和"备样"，分别装入样品袋，密封后贴上样品标签。试样量为400g。

（三）注意事项

（1）现场制样时，应选择环境相对干净，具有制样条件的场所进行样品制备，最好是有桌子和水源的房间。在制样时铺设一次性台布，制样人员穿着工作服，防止样品交叉污染。

（2）样品必须采用对应的养殖塘水进行清洗。制样时，每个样品制样后将残留物用一次性台布包裹起来，清洗刀具和案板，重新铺设台布，再进行下一个样品的制样。

（3）蟹类在制样后容易腐败，必须进行现场速冻保藏。

（4）"检样"和"备样"抽样后送至承检机构。受检样品运抵承检机构开封检查合格后收样，再按照标准方法制样后进行检测。

三、样品包装及封样

样品应装于合适的清洁干燥容器中，以保证样品的完整性和可追溯性。可采用聚乙烯塑料容器、玻璃制品等惰性材料容器（不允许用橡胶制品）盛装样品，然后放入较大的干净容器中密封装运，必要时可在容器盖下衬一张铝箔以防止各种可能的污染。若发现样品有污染迹象，应作废弃重采处理。抽取的样品应现场分割、混合，并按检测用样和备份用样分别包装。

封装样品用包裹材料一般采用牛皮纸质材料，并且必须足够大，且便于书写。样品包裹必须完整，且足够密实。

封样单要求采用纸质材料，确保封样单不可二次使用。一般不主张采用比较结实的材料，如塑料防水材料。

样品经双方现场确认后当场封样。封样时，在包裹的所有接缝处贴上填写完整的封样单，应将可能被展开的包裹接缝处全部贴上封样单，目的是防止包裹被私自打开。封样单可以是一张或数张。

样品封好后，监督抽检类在封样单和包裹材料上经农（渔）业执法抽样人员、被抽检单位负责人共同签字确认；其他类经抽样人员和被抽检单位负责人共同签字确认，签字位置应在封样单和包裹材料的骑缝处。

样品签字后，一般用透明胶带将整个封样包裹彻底缠绕起来，除了起到保护样品的作用外，更重要的是将封样单和包裹材料的骑缝签字部分有效地保护了起来（图3-12）。封样后的样品也可以放入塑料密封袋中，防止因受潮使签字无法确认。

图3-12 现场样品包装及封样

封样必须现场进行。每个样品应在容器外表贴上标签，标签注明样品名、样品编号、抽样日期、抽样人等。容器应由抽样人员或其他官方人员封口以防止被替换、交叉污染和降解。

封样单填写样品编号，经被抽检单位负责人和抽样人员共同签字确认有效，封样单要确保不可二次使用。格式可参考"初级水产品质量安全监督抽查封样单（样式）"（图3-13，图3-14）。

封样单信息内容包括以下几个部分：

（1）样品编号：为本批次样品的编号，与抽样单对应。

（2）被抽检单位负责人：负责人签字或手印。

初级水产品质量安全监督抽查封样单

样品编号：

被抽检单位负责人签字：

抽样人员（2名）签字：

年
月
日
封

图3-13　竖式封样单

初 级 水 产 品 质 量 安 全 监 督 抽 查
封 样 单

样品编号：

被抽检单位负责人签字：

抽样人员（2名）签字：

年 月 日封

图3-14　横式封样单

（3）抽样人员：2名以上（含2名）抽样人员签字。

在需要对封存样品进行复检时，必须在原抽样人员、原被抽检单位签字人、原检测机构人员同时在场，或者由公证机关公证的情况下，方可打开样品。开封时，必须首先核对封样签字是否完整，在打开样品时，还需检查样品是否变质。

第四节　样品保存和运输

一、样品保存

1.活体保存样品

水产动物采样要求活体运送至实验室，应使水产品处于保活状态。例如鱼、虾等水生动物放置在水体环境中，运输过程中可以适当充氧，保持其活力；例如甲鱼、贝类等水生动物可以放入干净容器中（乳塑料筐、网兜等），保持充足氧气，不要堆叠，防止压伤。在夏季高温季节，可以在存放容器内加冰降温，防止死亡。

2.冰鲜保存样品

冰鲜水产品要用保温箱或采取必要的措施使样品处于低温状态（0～10℃），应在采样后尽快送至实验室（一般在2天内），并保证样品送至实验室时不变质。

样品装入包装容器后用泡沫箱封装，冰块应放置在保温箱内样品袋的上部，不能仅散落在保温箱底部，以保证冷藏的质量。确保样品温度保持在0～5℃。样品保温用的冰块必须装入容器中（塑料自封袋或塑料瓶），避免冰块融化后浸湿样品。

活贝类应控干水分，然后用透气性较好的洁净容器进行封装。冰块应放置在保温箱内样品袋的上部，不能仅散落在保温箱底部，以保证冷藏的质量。样品保温用的冰块必须装入容器中（塑料自封袋或塑料瓶），避免冰块融化后浸湿样品。贝类活体样品，在保温箱内保存时不能直接与冰块接触，应在样品与冰块之间适当加一些隔离物（如硬纸板等），同时也要保证冷气在保温箱中的流通。

3.冷冻保存样品

当样品不能保持鲜活状态时，应采取必要的措施使样品处于-18℃冷冻状态。冷冻水产品要用保温箱或采取必要的措施使样品处于冷冻状态，送至实验室前样品不能融解、变质。

4.微生物检验用样品

微生物检验用样品保存时，需注意保持样品处于无污染的环境中，要低温保存，冻品保持冷冻状态，鲜、活品应尽量保持样品的原状态（0~10℃），从抽样至送到实验室的时间不能超过48h，并且要保证在此过程中，样品中的微生物含量不会有较大变化。

5.干制水产品

干制水产品应用塑料袋或类似的材料密封保存，注意不能使其吸潮或水分散失，并要保证其从抽样到实验室进行检验的过程中品质不变。

6.其他水产品

其他水产品应用塑料袋或类似的材料密封保存，注意不能使其吸潮或水分散失，并要保证其从抽样到实验室进行检验的过程中品质不变。必要时可使用冷藏设备。

二、样品运输和交接

所抽样品应由抽样人员妥善保管，按产品执行标准中规定的方法进行贮存运输，保持样品的原始性、有效性，样品不得被曝晒、淋湿、污染及丢失。

监督抽查时，要求所抽样品一般由抽样人员随身送至实验室，与样品接收人员交接样品，签字确认。若情况特殊不能亲自带回时，应将产品封于泡沫箱等容器中，由抽样人员签字后，交付专人送回实验室妥善保存，待抽样人员确认样品无误后，再与实验室的样品接收人员交接样品。

送样前填写送样单，由实验室收样人员签字确认。格式参照"初级水产品质量安全监督抽查样品送/收样单（样式）"（图3-15）。

初级水产品质量安全监督抽查样品送/收样单（样式）

送/收样日期：　　年　月　日　　　　　　　　　　　　编号：

序号	样品名称	抽样日期	样品原编号	样品量	样品状态	分析项目
备注						

本单一式两份，送样单位和收样单位各存一份。

送样单位：　　　　　送样人：　　　　　收样单位：　　　　　收样人：

图3-15　样品送/收样单

样品送/收样单信息内容包括以下几个部分：

（1）送/收样日期：样品送到实验室的日期。

（2）样品名称：所抽样品的具体名称（与抽样单对应）。

（3）抽样日期：该批次样品的抽样日期（与抽样单对应）。

（4）样品原编号：为抽样单的样品编号。

（5）样品量：所抽样品的重量或尾数（与抽样单对应）。

（6）样品状态：为送样时的样品状态，包括冷冻、冷藏、常温、块状、肉糜、整尾（活体、非活体）等。

（7）分析项目：所抽样品的检验项目（与抽样单对应）。

思考题

1.从事水产品质量安全监督抽样的人员需要符合哪些要求？

2.水产品抽样前需要准备哪些材料和工具？

3.抽样记录单必须包括哪些信息？

4.抽检鱼类现场制样要求包括哪些？

5.抽检水产品现场封样要求包括哪些？

第四章 水产品药残快检技术

快速检测技术一般分为实验室快速检测和现场快速检测两种方式。实验室快速检测是指利用实验室内的试剂和相关仪器进行检测，可在2h内出具结果的检测技术。现场快速检测是指在非实验室条件下，30min内出具结果的检测技术，其便捷性更为突出，应用更加广泛。与传统的标准检测方法相比，快速检测方法能够极大缩短检测时间，提高样品筛查效率。

近年来，在国家政策引导和快检技术升级大背景下，水产品药物残留检测技术发展迅速，如今已有多种快速检测技术在水产品药物残留检测中得以应用。其中胶体金免疫层析技术是目前市场商品化最成熟的技术之一，采用胶体金免疫层析快检产品结合前处理技术可以实现对水产品中待测物的快速定性分析。本章将重点介绍胶体金免疫层析技术和前处理相关技术及其应用。

第一节 快速检测技术基础

一、胶体金免疫层析技术原理

胶体金免疫层析技术通过胶体金材料对待测物抗体进行可视化标记，结合免疫层析实现待测物的特异性快速分析。胶体金免疫层析技术具有操作简便，人员、设备要求低，检测结果可视化等特点，已经成为当前食品安全快速检测的重要技术手段，并成功应用于微生物、药物残留、重金属、生物毒素等多种类别危害因子的快速检测。

胶体金主要通过氯金酸在各种还原剂（如鞣酸、抗坏血酸、枸橼酸钠等)的作用下，聚合沉淀形成纳米级别的金颗粒，并通过静电作用保持稳定的胶体状态。胶体金在弱碱环境中会携带大量负电荷，可以与抗体蛋白等大分子化合物的正电荷位点稳定结合，同时不会影响结合蛋白的活性，因此，胶体金结合抗体可以取代酶标记抗体用于免疫快速检测分析。胶体金与待测物抗体结合后形成结合标记物，通过层析技术使其与自由标记物分离，在实际检测过程中通过胶体金颜色的深浅变化即可判定待测物的浓度，因此，胶体金免疫层析技术同时具备了可视化与特异性分析的特点。

胶体金快检试纸条主要采用硝酸纤维膜作为层析的固定相载体，硝酸纤维膜是胶体金免疫层析技术的关键材料，具有多孔结构，能包被上蛋白等大分子物质。硝酸纤维膜具有良好的亲水性，若从一端加入上样溶液，能在数十秒内将液体层析移动到另一端，硝酸纤维膜良好的层析特性是胶体金快速检测试纸条形成的重要基础。典型的胶体金免疫层析试纸条基础结构主要由样品垫、胶体金抗体结合垫、硝酸纤维膜、吸水滤纸和PVC黏性底板五部分组成(图4-1)。

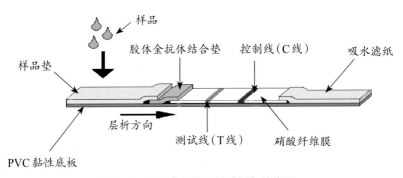

图4-1　胶体金免疫层析试纸条结构图

采用胶体金快检试纸条对样品进行检测时，在吸水材料的吸引作用及硝酸纤维膜的毛细作用下，上样溶液会依次通过样品垫、胶体金抗体结合垫和硝酸纤维膜。在硝酸纤维膜上会喷涂固化判定与质控线条，分别为检测线T和质控线C。当质控线C显色时，表示检测结果有效，检测线T则根据胶体金快检试纸条采用模式的不同(夹心法和竞争法)而以T线显色或不显色表示阳性结果。采用夹心法进行检测时，胶体金标记抗体(抗原)

与相应的待测物发生免疫反应后形成免疫复合物，可以被检测线T上的另外一种抗体呈夹心状结合拦截并聚集显色，同时多余的游离胶体金标记抗体（抗原）被质控线C上的抗体拦截并聚集显色。若上样溶液中未含有待测物，游离的胶体金标记抗体（抗原）则不会被检测线T上的另外一种抗体呈夹心状拦截显色，而质控线C上的抗体可以与胶体金标记抗体（抗原）结合并显色。采用竞争法进行检测时，当上样溶液中存在待测物通过胶体金抗体结合垫时，会与胶体金标记抗体结合形成免疫复合物，当上样溶液通过检测线T时，由于胶体金标记抗体已经被待测物免疫中和，T线上包被的固化物（牛血清蛋白-待测物结合物）与胶体金标记抗体无法进行聚合显色反应，多余的胶体金标记抗体与质控线C上的抗体结合，使胶体金颗粒聚集显色。若上样溶液中未含有待测物，就不会发生免疫抑制并阻断胶体金标记抗体与检测线T上的固化物进行结合，此时检测线T上将形成胶体金的聚集显色反应。综上所述，夹心法和竞争法对于样品判定来说，结果是完全相反的，即夹心法阴性样品仅有质控线C显色，检测线T不显色或颜色浅于质控线C，阳性样品则是检测线T和质控线C同时显色；竞争法阴性样品则是检测线T和质控线C同时显色，阳性样品仅有质控线C显色，检测线T不显色或颜色浅于质控线C；如果质控线C不显色，则检测结果无效（图4-2，图4-3）。对于水产品中药物残留的胶体金快检试纸条，基本采用竞争法原理进行检测，在判定结果时以T线消除或变浅作为阳性依据。

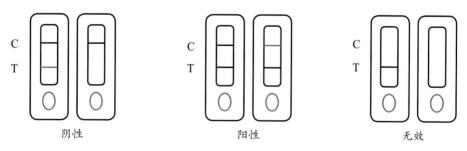

图4-2 夹心法胶体金快检试纸条的结果判断图

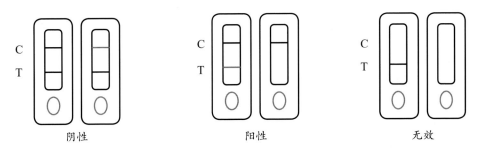

图4-3　竞争法胶体金快检试纸条的结果判断图

二、药残检测前处理

动物源性食品种类众多，具有明显的基质复杂性。这些基质中的蛋白质、糖类、脂类、色素等物质会干扰胶体金快检试纸条的检测结果，造成假阴性或者假阳性，而样品前处理是解决上述问题的重要技术步骤。样品前处理，又称样品预处理，其目的是消除样品基质带来的干扰因素，尽可能地完整保留待测物并使待测物浓缩，为后面检测分析获得更为准确可靠的测试结果。样品前处理是胶体金快检试纸条快速分析所必需的前置工作，主要包括样品提取和净化浓缩等步骤。

（一）样品提取

样品提取是指使用萃取技术将待测物从样品基质中提取出来的过程。样品提取过程涉及多相分配，需要待测物、样品基质和提取溶剂三者之间相互作用并达到平衡。胶体金快检试纸条前处理常用的提取方式为液-固萃取，能够将待测物提取并转移到溶液中，其原理为利用待测物在提取溶剂中较高的溶解性。由于待测物的理化性质不同，液-固萃取提取试剂的选择也不尽相同。极性待测物可以选择极性溶液进行提取，如甲醇、乙醇、乙腈、丙酮、酸性水溶液以及缓冲溶液等，非极性待测物可以选择极性较弱溶液进行提取，如乙酸乙酯、甲苯、正己烷、氯仿等。

为提高萃取效率，胶体金快检试纸条前处理在提取过程中经常会使用一些辅助手段提高提取效率，其中最常见的方法有旋涡振荡辅助提取和超声辅助提取等。旋涡振荡辅助提取通过小型的旋涡振荡仪对样品进

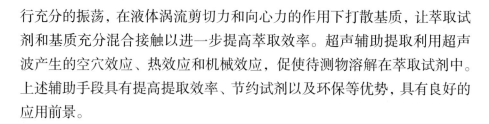

行充分的振荡，在液体涡流剪切力和向心力的作用下打散基质，让萃取试剂和基质充分混合接触以进一步提高萃取效率。超声辅助提取利用超声波产生的空穴效应、热效应和机械效应，促使待测物溶解在萃取试剂中。上述辅助手段具有提高提取效率、节约试剂以及环保等优势，具有良好的应用前景。

（二）净化浓缩

随着待测物一起被提取出来的，还有大量样品基质中的干扰物，这些干扰物会影响胶体金快检试纸条的检测稳定性和准确性，因此，需要通过一系列的技术方法去除这些干扰物，减少其对检测的影响。同时，为了获得更高的灵敏度，在前处理过程中需要对溶液进行浓缩，以提高待测物的浓度。

1.样品净化

（1）液液萃取：水产品药物残留检测前处理过程中常见的净化手段，是利用待测物和干扰物在两种互不相溶的溶液中的分配系数不同，使待测物和干扰物保留在两种不同的溶液中，以达到分离和净化的目的（图4-4）。例如，当样品中含有脂类物质时，可以使用弱极性试剂——正己烷除去基质中的脂类物质，将待测组分保留在极性溶液中，两种溶剂分层后就可以达到分离和净化的目的。液液萃取是经典的传统分离和净化技术，具有设备要求低、操作上手难度低和简便快捷等优点，但也存在如下不足：首先是容易产生乳化现象，由于两相分层容易受到基质中表面活性剂类物质的影响，在两相液体剧烈萃取后就会产生乳化现象，影响待测物的分离，造成回收率不稳定；其次是选择性不强，液液萃取一般只能按照极性差异分离并净化待测物，对于极性与待测物相近的干扰物则

图4-4　分液漏斗液液萃取

无法进行去除；最后就是有机试剂用量较多，环保压力较大。

乳化问题是液液萃取过程中需要重点注意的，当产生乳化现象时，可以通过如下措施进行预防。

①利用盐析作用改善乳化问题。在水相或者乳化液中加入适量的氯化钠或硫酸钠，加大两相间的密度差异，使得两相更易分层。

②液液萃取过程中避免剧烈振荡，可以采用手动翻转进行萃取，条件可控且更温和。

③采用离心机高速离心，通过离心力来破坏乳化层。

④用玻璃棒机械搅拌，破坏乳化层。

（2）固相萃取：水产品药物残留检测前处理过程中广泛使用的第二类净化手段，相比液液萃取具有更强的选择性。固相萃取的净化模式可以分为保留待测物类型和保留干扰物类型，前者在平衡小柱后主要分为上样、淋洗和洗脱三个步骤，因此，该类型固相萃取方法也被称为"三步法"固相萃取模式（图4-5）。在"三步法"固相萃取过程中，复杂样品溶液通过固定相（吸附材料）时，固定相会通过极性作用、疏水作用或者离子交换作用选择性地保留待测物和部分干扰物，而其他组分则通过小柱流出，之后通过淋洗在保证待测物不被洗脱的情况下进一步清洗掉干扰物，最后选择洗脱能力更强的溶剂将待测物洗脱下来。通过上述手段将待测物与样品基体干扰物分离，并可以根据需要富集浓缩样品溶液中的待测物。

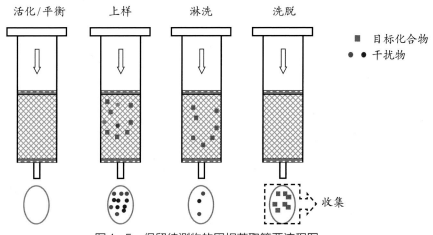

图4-5　保留待测物的固相萃取简要流程图

保留干扰物类型固相萃取在平衡小柱后直接上样，待测物会通过小柱，因此，该类型固相萃取方法也被称为"通过式"固相萃取模式（图4-6）。在"通过式"固相萃取过程中，复杂样品溶液通过固定相（吸附材料）时，固定相会通过极性作用、疏水作用或者离子交换作用选择性地保留干扰物，而待测物则直接通过小柱，此时收集滤液便可以将待测物与样品基体干扰物分离，达到净化的目的。

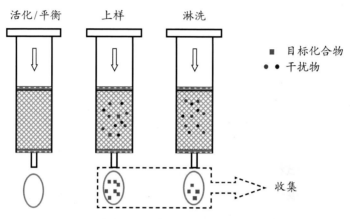

图4-6 保留干扰物的固相萃取简要流程图

固相萃取柱填料根据保留模式大致可以分为反向模式、正向模式和离子交换模式。在反向模式中，吸附剂和待测物通常都是极性较弱的化合物，依靠非极性之间相似相溶原理，形成范德华力或者色散力进行保留。在正向模式中，吸附剂表现为极性，待测物中的极性官能团与吸附剂中的极性官能团之间相互作用，依靠氢键、π-π键等作用形成保留。离子交换模式主要依靠待测物与吸附剂之间的静电作用形成保留，因此，可以通过改变pH条件来改变吸附剂对待测物的保留能力。

2.样品浓缩

样品浓缩最经典的技术是氮气吹干法（图4-7）和旋转蒸发法（图4-8）。氮吹仪将氮气吹入样品溶液表面加快有机溶剂蒸发来浓缩样品，具有省时省力和设备简易等特点。旋转蒸发仪通过外泵获得的低气压环境，降低样品溶液沸点，提高溶液蒸发效率来快速浓缩样品。上述两种浓缩方式广泛应用于液相、气相及质谱分析中的样品前处理过程。

图4-7　提取液氮气吹干

图4-8　提取液旋转蒸发浓缩

　　胶体金快检试纸条作为现场快速检测产品，在前处理过程中对设备和操作的简易程度要求更高，因此，主要采用空气吹干仪对样品进行浓缩，但气源并非氮气，而是直接利用空气对样品进行高温下的溶液吹扫，让溶液快速蒸发来浓缩样品。市场上现有的便携式空气吹扫浓缩设备可以极大提高胶体金快检试纸条的前处理效率。由于大多数有机试剂层析效果不佳，且会让抗原/抗体失活，因此，经过空气高温吹扫后的样品，直接用微量水相缓冲溶液进行复溶，能在浓缩样品的同时保证上样溶液的层析能力和胶体金标记抗原/抗体的生物活性。

小贴士

　　1.胶体金免疫层析技术是以抗原抗体间的特异性反应原理为基础，以胶体金为示踪标记物来对某种物质进行定性或半定量测定的一种快速检测技术，具有简单快速、单份测定、特异敏感等优点。目前该技术已经广泛应用于食品中兽药（含抗生素）、重金属、病原微生物等危害因子的快速检测，不需要任何仪器设备，在几分钟内就可观察到颜色对比鲜明的实验结果，具有很大的发展潜力和应用前景。该技术适用于现场快速检测和样品大规模筛选分析，已成为当前水产品质量安全监管中不可或缺的重要技术手段。

2. 胶体金快检试纸条主要有多抗体夹心法和免疫抑制竞争法两种模式，水产品中药物残留主要为抗生素等小分子化合物，通常很难找到多种抗体，因此，其胶体金快检试纸条主要为单克隆抗体下的免疫抑制竞争法模式。免疫抑制竞争法的判定规则如下：阴性样品为检测线T和质控线C同时显色，阳性样品则是仅有质控线C显色，检测线T不显色或者颜色浅于质控线C，如果质控线C不显色，则检测结果无效。

3. 氯霉素作为酰胺醇类抗生素的代表，其化学性质稳定，极性较强，易溶于甲醇、乙腈及乙酸乙酯，微溶于乙醚或氯仿，不溶于石油醚或苯。标准T/ZNZ 030—2020《水产品中氯霉素残留的快速检测 胶体金免疫层析法》采用乙酸乙酯作为氯霉素的提取试剂，保证了氯霉素的提取效率，且乙酸乙酯相比甲醇和乙腈疏水性更强，共萃干扰物主要为脂类等极性较弱的化合物，更有利于后续的净化步骤。如果采用甲醇或者乙腈作为提取试剂，虽然提取率可以获得保证，但是后续的净化步骤很难除去极性较强的干扰物，因此，该标准选择乙酸乙酯作为提取试剂，后续进一步使用正己烷通过液液萃取对样品进行净化，整体操作步骤简单，符合快检技术现场操作的简易化需求。

4. 固相萃取技术根据保留模式大致可以分为反向模式、正向模式和离子交换模式。在反向模式中，吸附剂和待测物通常都是极性较弱的化合物，依靠非极性之间相似相溶原理，形成范德华力或者色散力进行保留；在正向模式中，吸附剂表现为极性，待测物中的极性官能团与吸附剂中的极性官能团之间相互作用，依靠氢键、π-π键等作用形成保留；离子交换模式主要依靠待测物与吸附剂之间的静电作用形成保留。

第二节　质量控制要求

实验过程质量控制是实验室分析人员对分析质量进行自我控制的全过程，是保证实验室分析结果准确、可靠的必要基础。质量控制要考虑到检测人员技能、检测设备性能、化学试剂耗材质量、检测方法的适用性、环境条件等是否满足检测要求，即所谓的"人、机、料、法、环"等要素。

虽然目前我国快速检测技术已取得较大发展，但是市场上快检产品质量有好有坏，快速检测方法的稳定性和准确性及检测人员水平等均已成为影响其发展的制约因素。在快检工作中要求检验人员技术熟练、严谨细致，否则很小的操作失误都会造成检测结果的巨大偏差。因此，迫切需要规范快检工作质量控制流程，通过科学有效的质控手段，保证水产品药物残留检测数据的公正和可靠，为全面推广应用快检技术保驾护航。

一、快检产品质量控制

1994年，国际分析化学家协会（AOAC）将商品化检测试剂盒定义为一种检测体系，用于确定一种或多种目标物的存在或含量。商品化快速检测试剂盒的选择和试剂盒质量直接影响检测结果。制定合理的、适用于基层的水产品快速检测试剂盒的筛选验证方法和评价规范，以筛选出合格的快速检测试剂盒产品，使其有效应用到基层的水产品质量安全监督检测工作中。

选择合格供应商和质量达到标准要求的试剂耗材，做好试剂盒和试纸卡片的验收工作是基层快速检测工作有效开展的首要任务。我国现有《食品快速检测方法评价技术规范》（2017年国家食品药品监督管理总局印发）和SN/T 2775—2011《商品化食品检测试剂盒评价方法》。两项标准（规程）规定了用于食品检测的商品化检测试剂盒评价方法，要求多家实验室多批次产品验证，工作量大，耗时长，且标准（规程）未考虑到水产品基质差异对检测结果的影响，不适用于基层大量快检产品采购前的评价和在用快检产品的跟踪评价。目前,适用于地方基层采购和在用快检产品的评价方案仍然较为缺失。

对于具备条件的实验室,应对实验室拟使用的快检试剂盒进行性能评价,对其准确性(假阴性、假阳性)、稳定性和检出限等关键技术参数进行验证,按"快速检测方法性能指标计算表"(附录3)评价,验证合格,方可验收投入使用。现对验证方法予以介绍。

(1)试剂盒验证项目:应覆盖拟检测的所有项目。

(2)试剂盒验证样品准备:为了接近真实的检测环境,更好地验证试剂盒的实际效果,选用的样品基质应该结合当地养殖情况,覆盖实际检测中所有样品大类,如鱼类、蛙类、龟鳖类、虾类等。验证的样品应包括阴性样品和阳性样品。

①阴性样品:按照GB/T 30891—2014《水产品抽样规范》附录B规定进行各类水产品制样,采用国标方法对拟测定药物进行检测,测定结果为未检出,可作为阴性样品使用。依照各产品说明书中标识的称样量,称取空白基质样品。

②阳性样品:依照各产品说明书中标识的称样量,准确称取不同空白基质,并向其中加入拟测定药物的标准品,添加水平分别为各产品说明书中标识的检出限浓度和5倍检出限浓度。

(3)试剂盒验证样品设置:建议每个项目验证40个样品,包括20个阴性样品和20个阳性样品。水产品(全类)快速检测试剂盒验证样品设置具体见表4-1。

表4-1　快检试剂盒验证样品设置

样品类型	样品制备	数量/个
阴性样品	空白基质	20
低浓度阳性样品	空白基质＋检出限浓度标准物质	10
高浓度阳性样品	空白基质＋5倍检出限浓度标准物质	10

(4)验证结果判读与计算:由2名判读人员现场依据各快检产品说明书中描述的"结果判读原则",进行检测结果判断并记录,当2人对检测的判读结果一致时,判读结果有效。肉眼无法判别的样品使用读卡仪进行读

卡判断。

假阳性率（%）＝阴性样品检出阳性的个数／阴性样品总数×100,

假阴性率（%）＝阳性样品检出阴性的个数／阳性样品总数×100。

验证结果判定：试剂盒假阴性率和假阳性率均低于10%且满足检出限要求时判定合格。

（5）其他要求：检测人员需经过专业培训，熟悉检测实验操作方法，验证时严格按照各产品说明书的操作步骤进行。

（6）实际开展检测时使用的试剂盒的产品批号应与试剂盒验证时保持一致。若采用不同批次产品，每批次试剂盒抽取1%进行验证。

二、实验操作质控要求

质量控制包括实验室内部质量控制和实验室外部质量控制两种形式。实验室外部质量控制是由实验室外部组织（如上级主管部门、权威机构或监督方）实施的实验比对和能力验证活动，评价承检方的检测能力是否满足要求。本书第二章对实验室内部质量控制要求中的人员培训、样品采集、设施环境、设备试剂等方面进行了描述，这里重点介绍涉及检测方法的有关要求。

1. 质控实验

使用被测目标物质的标准溶液对样品进行加标（加标量应尽可能接近样品中被测组分的量，如果不知被测组分的量则尽量以低浓度来做加标），按照样品检测步骤，对加标样品进行检测，得到检测方法的回收率。回收率的测定是对包括人员操作、仪器、方法以及实验用品在内的整个测量系统的质量评价，以判断该批次检测结果是否准确。如果回收率达不到要求，说明检测过程（人员操作、仪器、方法或者实验用品）存在问题，应查明原因，对存在的问题加以纠正后再重新进行检测。

在日常检测工作中同批次检测加入阴性或真实阳性样品穿插进行质量控制。每个检测指标每日检测样品时进行15%的平行样（样品编号后加"P"）和2个阴性控制样品（BS）测定，同时加做2个阳性质控样（QS）（高、低浓度各1个）。

同批次样品检测穿插做一定比例平行样，可采用2人做平行测定或

1人做多次测定来完成。当平行样的检测结果完全一致，且阴性控制样品和阳性质控样的结果准确时，判定该批次检测数据有效；否则检测数据无效，应对该批次检测数据的有效性重新评估并查找原因。如果无法证明该批次检测结果有效，必须对该批次检测的所有数据进行重新测定，并同时按原定要求做质控实验。

2. 阳性确认

快检结果呈阳性的，需要进行二次快检确认。若二次快检结果仍为阳性，则进行阳性结果后续处理；若二次快检结果为阴性，则还需进行一次快检确认从而判断样品检测是否合格，若第三次快检结果为阳性，则判断为阳性，若第三次快检结果为阴性，则判断为阴性。经检测为阳性结果的，必要时应采用质谱、光谱、双柱定性等方法进行确证和复测，由通过计量认证的检验检测机构做出仲裁决定。

当检测结果为阳性时，必须用快检方式进行再次确认，实验室内部进行双人验证，应在24h内完成确认工作。在本实验室确认为阳性样品后，应在24h内上报当地主管部门，并做好复检的配合工作。确认不合格的样品，开具不合格通知单，并配合当地政府做好相关后续工作。如养殖户对检测结果有异议，先对该批水产品进行封存，按定量检测规范重新进行抽样，带回实验室进行定量检测分析后再做处理。

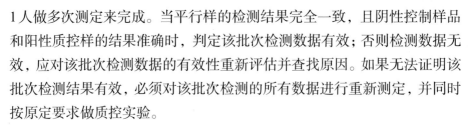

第三节 药物残留测定

免疫胶体金快速检测试剂卡是目前水产品药物残留检测中应用最广泛、商品化产品种类较为齐全的现场快速检测产品。下面列举了部分水产品常见药物残留的免疫胶体金快速检测试剂卡操作流程（仅供参考），实际操作以产品说明书为准。

一、氯霉素免疫胶体金快检操作流程

氯霉素免疫胶体金快检按以下步骤操作（图4-9）：

①称取样本

②加入氯霉素提取剂

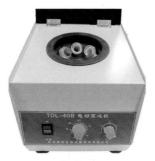

③离心

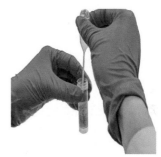

④吸取上清液

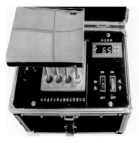

⑤空（氮）气吹干

⑥依次加入氯霉素净化剂
和氯霉素复溶液

⑦吹打、润洗离心管内壁

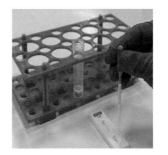

⑧滴板，判读

图4-9　氯霉素免疫胶体金快检试剂卡操作流程图

（1）称取2g（1.9～2.1g即可）均质样本于5mL离心管中。

（2）加入3mL氯霉素提取剂，剧烈振荡3min。

（3）使用离心机离心，转速设定4000r/min，离心5min（注意配平）。

（4）从离心机中取出离心管，移取2mL上清液至新的5mL离心管中。

（5）65℃下空（氮）气吹干（放置吹风管时不要压得太低，小心因吹风溅起的溶液沾染到吹风管，造成污染）。

（6）吹干完毕后取出离心管，向管中依次加入0.3mL氯霉素净化剂和0.3mL氯霉素复溶液。

（7）用试剂板内置的滴管轻轻吹打、润洗离心管内壁，吹打2～3圈即可（或者盖上盖子，上下缓慢颠倒10次，力度要轻，避免产生乳化现象）。

（8）静置分层（短离分层）后，使用小滴管吸取下层溶液，滴板（吸取下层后，先弃去2～3滴溶液，再进行滴板），反应3～5min后判读结果。

氯霉素快速检测的检出限一般要求在0.3μg/kg以下，若出现阳性样品，可以通过GB/T 20756—2006《可食动物肌肉、肝脏和水产品中氯霉素、甲砜霉素和氟苯尼考残留量的测定　液相色谱-串联质谱法》等定量检测方法进行确证，选择检测标准的定量检出限必须达到0.3μg/kg，符合国家相关规定。

二、硝基呋喃类代谢物免疫胶体金快检操作流程

硝基呋喃类代谢物免疫胶体金快检按以下步骤操作（图4-10）：

（1）称取2g均质样本于50mL离心管中。

（2）依次加入4.5mL的0.22mol/L盐酸和0.1mL衍生化试剂，剧烈振荡混匀1min（混匀至糊状）。

（3）将离心管置于75℃水浴锅中水浴5min（放置离心管时，确保管中样本被水完全浸没）。

（4）水浴结束后取出离心管，依次加入5mL的1mol/L磷酸氢二钾和6mL硝基呋喃类代谢物提取剂，剧烈振荡1min。

（5）使用离心机离心，转速设定4000r/min，离心2min（注意配平）。

（6）结束离心后，用长移液滴管吸取3mL上清液至新的5mL离心管中（注意取上清液时不可让滴管碰到下层液体或样本，且清液层也可能出

①称取样本

②依次加入盐酸和
衍生化试剂

③水浴

④依次加入磷酸氢二钾和
硝基呋喃类代谢物提取剂

⑤离心

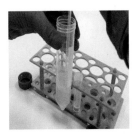

⑥吸取上清液

⑦空(氮)气吹干

⑧依次加入硝基呋喃类
代谢物净化剂和硝基
呋喃类代谢物复溶液

⑨滴板,判读

图4-10　硝基呋喃类代谢物免疫胶体金快检试剂卡操作流程图

现分层现象,请取最上层清液)。

（7）75℃下空(氮)气吹干(放置吹风管时不要压得太低,小心因吹风溅起的溶液沾染到吹风管,造成污染)。

（8）吹干完毕后取出离心管,向管中依次加入1 mL硝基呋喃类代谢物净化剂和0.5 mL硝基呋喃类代谢物复溶液,上下颠倒20次,静置分层(或离心1min）。

（9）使用小滴管吸取下层溶液，滴板（吸取下层后，先弃去2～3滴溶液，再进行滴板），反应3～5min后判读结果。

硝基呋喃类代谢物快速检测（包括呋喃唑酮代谢物、呋喃西林代谢物、呋喃它酮代谢物、呋喃妥因代谢物）的各组分检出限一般要求在1.0μg/kg以下，若出现阳性样品，可以通过GB/T 21311—2007《动物源性食品中硝基呋喃类药物代谢物残留量检测方法　高效液相色谱/串联质谱法》等定量检测方法进行确证，选择检测标准的定量检出限必须达到1.0μg/kg，符合国家相关规定。

三、孔雀石绿免疫胶体金快检操作流程

孔雀石绿免疫胶体金快检按以下步骤操作（图4-11）：

（1）称取4g（3.9～4.1g即可）均质样本于50mL离心管中。

（2）加入1mL孔雀石绿提取剂A，振荡混匀30s。

（3）依次加入孔雀石绿提取剂B和孔雀石绿提取剂C各1管，剧烈振荡3min。

（4）使用离心机离心，转速设定4000r/min，离心1min（注意配平）。

（5）从离心机中取出离心管，使用试剂盒配套刻度滴管移取0.7mL上清液至新的5mL离心管中（注意取上清液时不可让滴管碰到下层液体或样本，且清液层也可能出现分层现象，请取最上层清液）。

（6）往取出的上清液中加入120μL孔雀石绿氧化剂瓶中的下层黄色液体（第一次吸取下层后提起移液枪，溶液会快速从枪头中滑落，等待漏完后，再次吸取下层，重复2～3次，氧化剂便不会出现滑落情况）。

（7）75℃下空（氮）气吹干（放置吹风管时不要压得太低，小心因吹风溅起的溶液沾染到吹风管，造成污染）。

（8）吹干完毕后取出离心管，向管中加入300μL孔雀石绿复溶液，吹打使其复溶（吹打时尽量避免产生过多气泡，少量气泡产生为正常现象）。

（9）使用移液枪吸取100μL复溶完毕的溶液，加至准备好的金标微孔中（这一步需在复溶完毕后3min内完成）。

① 称取样本

② 加入孔雀石绿提取剂A

③ 依次加入孔雀石绿提取
剂B和孔雀石绿提取剂C

④ 离心

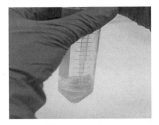

⑤ 吸取上清液

⑥ 加入孔雀石绿氧化剂
下层黄色液体

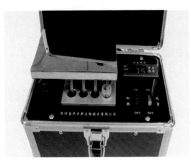

⑦ 空(氮)气吹干

⑧ 加入孔雀石绿复溶液

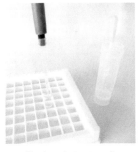

⑨ 移至金标微孔中

⑩ 吹打至完全溶解

⑪ 滴板,判读

图4-11　孔雀石绿免疫胶体金快检试剂卡操作流程图

（10）使用试剂板内置小滴管轻轻吹打，确保金标微孔内的金标完全溶解（吹打至溶液呈现淡红色），静置反应3 min。

（11）使用小滴管吸出微孔中所有溶液，滴至试剂板上，反应5～8 min后判读结果。

孔雀石绿快速检测的检出限一般要求在0.3 μg/kg以下，若出现阳性样品，可以通过GB/T 19857—2005《水产品中孔雀石绿和结晶紫残留量的测定　液相色谱‐串联质谱法》等定量检测方法进行确证，选择检测标准的定量检出限必须达到0.5 μg/kg，符合国家相关规定。

四、喹诺酮类免疫胶体金快检操作流程

喹诺酮类免疫胶体金快检按以下步骤操作（图4‐12）：

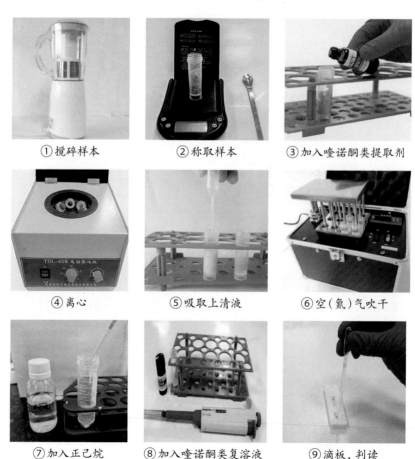

①搅碎样本　②称取样本　③加入喹诺酮类提取剂

④离心　⑤吸取上清液　⑥空（氮）气吹干

⑦加入正己烷　⑧加入喹诺酮类复溶液　⑨滴板，判读

图4‐12　喹诺酮类免疫胶体金快检试剂卡操作流程图

（1）取一定量的组织样本，用均质机搅碎均匀。

（2）称取2g均质样本于5mL离心管中。

（3）加入2mL喹诺酮类提取剂于离心管中，剧烈振荡3min（将样本摇至匀称松散状）。

（4）使用离心机离心，转速设定4000r/min，离心5min（注意配平）。

（5）移取1mL上清液至新的5mL离心管中。

（6）50～60℃下空（氮）气吹干（放置吹风管时不要压得太低，小心因吹风溅起的溶液沾染到吹风管，造成污染）。

（7）吹干完毕后取出离心管，向管中加入1mL正己烷，振荡2min。

（8）加入1mL喹诺酮类复溶液，振荡30s后，室温下4000r/min离心5min。

（9）去除上层正己烷，吸取下层溶液滴板，反应3～5min后判读结果。

喹诺酮类快速检测的各组分检出限一般要求在2.0μg/kg以下，若出现阳性样品，可以通过农业部1077号公告—1—2008《水产品中17种磺胺类及15种喹诺酮类药物残留量的测定　液相色谱－串联质谱法》等定量检测方法进行确证，选择检测标准的定量检出限必须达到2.0μg/kg，符合国家相关规定。

五、磺胺类免疫胶体金快检操作流程

磺胺类免疫胶体金快检按以下步骤操作（图4-13）：

（1）称取2g（1.9～2.1g即可）均质样本于5mL离心管中。

（2）加入1管磺胺类提取剂于离心管中，剧烈振荡3min（将样本摇至匀称松散状）。

（3）使用离心机离心，转速设定4000r/min，离心5min（注意配平）。

（4）从离心机中取出离心管，移取2mL上清液至新的5mL离心管中（注意取液时不可让滴管碰到样本）。

（5）65℃下空（氮）气吹干（放置吹风管时不要压得太低，小心因吹风溅起的溶液沾染到吹风管，造成污染）。

（6）吹干完毕后取出离心管，向管中依次加入0.3mL磺胺类净化剂和0.3mL磺胺类复溶液。

（7）用试剂板内置的滴管轻轻吹打、润洗离心管内壁，吹打2～3圈即可（或者盖上盖子，上下颠倒20次，使用离心机进行短暂离心使溶液分层）。

（8）静置分层（短离分层）后，使用小滴管吸取下层溶液，滴板（吸取下层后，先弃去2～3滴溶液，再进行滴板），反应3～5min后判读结果。

①称取样品

②加入磺胺类提取剂

③离心

④吸取上清液

⑤空（氮）气吹干

⑥依次加入磺胺类净化
剂和磺胺类复溶液

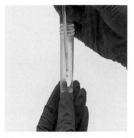
⑦吹打、润洗离心管内壁

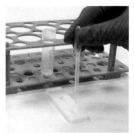
⑧滴板，判读

图4-13　磺胺类免疫胶体金快检试剂卡操作流程图

磺胺类快速检测的总量检出限一般要求在100μg/kg以下，若出现阳性样品，可以通过农业部1077号公告—1—2008《水产品中17种磺胺类及15种喹诺酮类药物残留量的测定　液相色谱-串联质谱法》等定量检测方法进行确证，选择检测标准的各组分定量检出限必须达到2.0μg/kg，符合国家相关规定。

六、喹乙醇代谢物免疫胶体金快检操作流程

喹乙醇代谢物免疫胶体金快检按以下步骤操作（图4-14）：

（1）称取2g（1.9～2.1g即可）均质样本于50mL离心管中。

（2）加入2mL喹乙醇代谢物提取剂A，振荡混匀3min（摇至糊状）。

（3）加入1瓶喹乙醇代谢物提取剂B，上下颠倒混匀3min。

（4）使用离心机离心，转速设定4000r/min，离心5min（注意配平）。

（5）从离心机中取出离心管，使用试剂盒配套刻度滴管移取3mL上清液至新的5mL离心管中（注意取上清液时不可让滴管碰到下层液体或样本，且清液层也可能出现分层现象，请取最上层清液）。

（6）65℃下空（氮）气吹干（放置吹风管时不要压得太低，小心因吹风溅起的溶液沾染到吹风管，造成污染）。

（7）吹干完毕后取出离心管，依次加入0.3mL喹乙醇代谢物净化剂和0.3mL喹乙醇代谢物复溶液，使用试剂板内置小滴管吹打使其混匀，静置分层。

（8）在滴板前，先使用小滴管吸取1滴下层溶液，用广泛pH试纸测量其pH。

（9）若pH＜7（pH试纸为黄色），使用移液枪吸取100μL下层溶液至1.5mL离心管中，再加入10μL缓冲液，混匀后滴板，反应3～5min后判读结果。

（10）若pH＞7（pH试纸为绿色），可直接吸取下层溶液（使用小滴管吸取下层溶液，在滴板前先弃去2～3滴）进行滴板，反应3～5min后判读结果。

喹乙醇快速检测的各组分检出限一般要求在50μg/kg以下，若出现阳性样品，可以通过SC/T 3019—2004《水产品中喹乙醇残留量的测定 液相色谱法》等定量检测方法进行确证，选择检测标准的定量检出限必须达到50μg/kg，符合国家相关规定。

① 称取样本

② 加入喹乙醇代谢物提取剂A

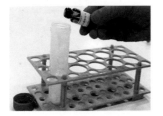

③ 加入喹乙醇代谢物提取剂B

④ 离心

⑤ 吸取上清液

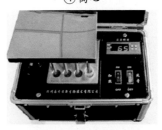

⑥ 空（氮）气吹干

⑦ 依次加入喹乙醇代谢物净化剂和喹乙醇代谢物复溶液

⑧ 测量pH

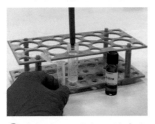

⑨ 若pH＜7,需加入缓冲液

⑩ 滴板,判读

图4-14　喹乙醇代谢物免疫胶体金快检试剂卡操作流程图

七、四环素类免疫胶体金快检操作流程

四环素类免疫胶体金快检按以下步骤操作(图4-15):

(1)取一定量的组织样本,用均质机搅碎均匀。

(2)称取1g均质样本于5mL离心管中。

(3)加入1mL四环素类A液。

(4)剧烈振荡2min后,室温下4000r/min离心5min。

(5)移取0.5mL上清液至新的1.5mL离心管中。

(6)依次加入40μL四环素类B液和750μL四环素类缓冲液,混匀。

(7)吸取混合溶液3滴(约100μL),滴板,判读结果。

①搅碎样本

②称取样本

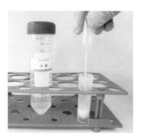
③加入四环素类A液

④离心

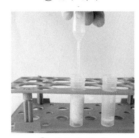
⑤吸取上清液

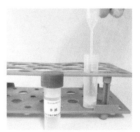
⑥依次加入四环素类B液和四环素类缓冲液

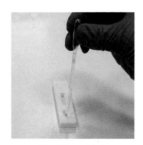
⑦滴板,判读

图4-15 四环素类免疫胶体金快检试剂卡操作流程图

四环素类快速检测（包括金霉素、四环素、土霉素、多西环素）的各组分检出限一般要求在200μg/kg以下，若出现阳性样品，可以通过GB 31656.11—2021《食品安全国家标准　水产品中土霉素、四环素、金霉素和多西环素残留量的测定》等定量检测方法进行确证，选择检测标准的定量检出限必须达到100μg/kg，符合国家相关规定。

八、五氯酚钠免疫胶体金快检操作流程

五氯酚钠免疫胶体金快检按以下步骤操作（图4-16）：

（1）取一定量的组织样本，用均质机搅碎均匀。

（2）称取2g均质样本于15mL离心管中。

（3）加入2mL五氯酚钠提取剂Ⅰ，振荡混匀30s。

（4）加入3mL正己烷，上下轻缓颠倒2min。

（5）室温下4000r/min离心5min。

（6）移取2mL上清液至新的5mL离心管中。

（7）65℃下空（氮）气吹干（放置吹风管时不要压得太低，小心因吹风溅起的溶液沾染到吹风管，造成污染）。

（8）吹干完毕后取出离心管，向管中依次加入0.3mL正己烷和0.3mL五氯酚钠复溶液。

（9）用试剂板内置的滴管轻轻吹打、润洗离心管内壁，吹打2～3圈即可（或者盖上盖子，上下颠倒20次，使用离心机进行短暂离心使溶液分层）。

（10）静置分层（短离分层）后，使用小滴管吸取下层溶液，滴板（吸取下层后，先弃去2～3滴溶液，再进行滴板），等待反应8min左右判读结果。

五氯酚钠快速检测的检出限一般要求在1.0μg/kg以下，若出现阳性样品，可以通过GB 23200.92—2016《食品安全国家标准　动物源性食品中五氯酚残留量的测定　液相色谱-质谱法》等定量检测方法进行确证，选择检测标准的定量检出限必须达到1.0μg/kg，符合国家相关规定。

①搅碎样本

②称取样本

③加入五氯酚钠提取剂Ⅰ

④加入正己烷

⑤离心

⑥吸取上清液

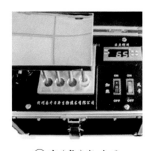

⑦空（氮）气吹干

⑧依次加入正己烷和五氯酚钠复溶液

⑨吹打、润洗离心管内壁

⑩滴板，判读

图4-16　五氯酚钠免疫胶体金快检试剂卡操作流程图

第四节　记录和结果报送

在快检工作开展过程中，应按照规范填写抽样单、检测结果原始记录、质量控制记录、检测结果报告单、检测结果汇总表和阳性样品结果复测记录单等记录，所有记录均应实时填写。根据任务要求，及时报送检测结果和分析总结报告。

一、记录

（一）记录填写要求

按规定的格式、文字、术语及法定计量单位认真填写，做到字迹清晰，用语准确、简练，内容全面，标识清楚，便于追溯。记录如有错误，应将错误处用横线划去，并由记录人签名，然后在其上方写上正确的数据或文字。

1. 抽样单

抽样时，抽样人员按规范填写抽样单，格式参考附录4，翔实记录样品、抽样地点和养殖户相关信息，同时抽样和被抽样双方签字盖章对抽样信息进行确认。

2. 检测结果原始记录

检测时，检测人员对使用试剂盒的具体信息、样品称样量、检测结果和检测中出现的异常情况等进行实时记录，格式参考附录5。

3. 质量控制记录

根据质量控制要求，开展每批次检测时，应同时加做阳性和阴性质控实验，并对质控结果进行记录，格式参考附录6。

4. 检测结果报告单

样品检测结束后，应当及时出具检测报告，格式参考附录7，包括样品信息、检测结果、试剂盒信息和检出限等关键内容。检测结果报告须经其他检测人员校对，负责人审核批准，并加盖检验专用章或公章。

5.检测结果汇总表

当完成快检任务后，应对所有检测结果进行汇总，填写快速检测结果汇总表，格式参考附录8。当抽检量较多时，可每日进行结果汇总，方便结果统计。

6.阳性样品结果复测记录单

当初测出阳性样品后，应及时安排双人采用快检方法进行复测，填写阳性样品结果复测记录单，格式参考附录9。

（二）记录归档保存

抽样单、检测结果原始记录、质量控制记录、检测结果报告单、检测结果汇总表和阳性样品结果复测记录单等记录应合理存放和保存。快检室应设档案管理员，专人负责保存记录，记录应存放有序，便于存取、检索和借阅，并做到防火、防霉、防虫等。保存期不小于上级主管部门要求的时间，一般要求6个月以上。

二、检测数据和总结报告上报

在任务开展过程中，应及时将检测数据进行汇总并形成总结报告，根据任务中的具体时间要求及时进行上报。总结报告中应包括样品抽取情况，快检产品和判读依据，按区域、品种和项目对检测结果的分析，质量控制情况，发现的问题和建议等具体内容。

1.书面上报

在检测开展过程中应结合工作实际以及任务要求，按要求定期（每周、每月、每季度、项目完结）将检测结果汇总和工作分析总结等书面报送当地主管部门。

2.实时上传

当任务要求将检测结果上传至食品安全监管平台时，应在工作开始前，做好平台和检测仪器的数据端口对接工作。在检测仪器完成检测后，检测结果直接实时上传至食品安全监管平台，确保数据的及时性和正式性。工作分析总结按照任务要求及时报送当地主管部门。

3．阳性结果报送

当检测出阳性样品后，应在24h内安排快检复测工作，复测仍为阳性的样品，应在24h内上报上级主管部门，并积极配合上级主管部门做好不合格样品的处理工作。

思考题

1．胶体金快检试纸条主要利用什么技术原理进行快速分析？具有哪些特点和优势？

2．胶体金快检试纸条主要有哪两种模式？水产品药物残留的检测更适合哪种模式？其判定结果的特征是什么？

3．根据本章讲述的原理，简单剖析标准T/ZNZ 030—2020《水产品中氯霉素残留的快速检测 胶体金免疫层析法》（附录14）为什么采用乙酸乙酯作为氯霉素的提取试剂？

4．固相萃取技术根据填料类型可以分为几种类型？每种类型的保留原理是什么？

5．水产品药物残留检测的质控要求是什么？

6．水产品药物残留检测原始记录要求是什么？

第五章　水产品质量安全快检技术应用案例

现阶段快速检测技术在水产品养殖环节进行质量安全监控应用已逐步普遍，在流通领域更是作为快速筛查的重要技术支持。水产品质量安全商品化快速检测技术服务根据我国对水产品质量监管要求开展的主要检测项目有孔雀石绿、氯霉素、硝基呋喃类代谢物（呋喃唑酮代谢物、呋喃它酮代谢物、呋喃妥因代谢物、呋喃西林代谢物）、五氯酚钠、恩诺沙星和氧氟沙星等，监测种类应涵盖鱼类、虾蟹类、贝类、龟鳖类和蛙类等。

各地区应根据本区域水产品质量安全实际状况开展快速检测工作。虽快检结果暂不能作为渔政执法的直接依据，但各地相关部门遵循《食品安全法》《农产品质量安全法》及地方农产品质量安全管理条例或法规，已把快速检测技术作为有力的监管工具，将其广泛应用于渔政执法及市场监管中。

第一节　浙江省德清县全域开展水产品药残快检普查

浙江渔业系统坚持质量兴渔、绿色兴渔和品牌强渔，加快推进渔业供给侧结构性改革，全面提升水产品质量安全水平。水产品质量安全对于渔业健康发展具有重要影响，做好水产养殖基地快速检测工作，可以保障水产品的质量安全，同时作为溯源体系的关键环节，为水产品溯源体系提供准入、检测等追溯信息，为水产品的监管提供技术支持。

德清县是浙江省重点淡水渔业养殖县，全县水产养殖面积21.4万亩，渔业户近5000户，水产品年总产量13.5万吨，每年产值超过30亿元，已成为全县农业第一大产业，是农民一产收入的主要来源。2018年，德清县在水产品快速检测服务外包模式上迈出了全国第一步，采用社会公开招标，根据技术商务资信分和报价分排名，最后确定中标单位，总计投入160余万资金委托第三方机构针对全县的养殖基地开展快速检测工作，是全省第一个全域开展水产品快速检测的地区(图5-1)。

图5-1　德清县水产品全域开展药残快检启动仪式

2018年，德清县水产品快速检测普查涉及全县10个镇(街道)4000户养殖户，每户至少抽取1个样，养殖多个品种的就选择当季主要品种进行检测。抽检水产样品4500余批次，每批样品检测氯霉素、孔雀石绿和四种硝基呋喃类代谢物(其中甲壳类水产品增加了五氯酚钠指标替换呋喃西林代谢物)。中标单位负责抽样，现场抽取样品时需要与养殖户拍照(图5-2)，并在采样单上签字，确认样品的真实性，采样过程已实现信息化(图5-3)。在2018—2021年同类项目实施过程中，德清县农业主管部门委托浙江省水产技术推广总站采用随机现场质量督查和留样检测复核方式，确保抽检流程规范和检测结果准确。中标单位与当地乡镇农办、水产技术推广部门协作，在开展质量安全抽检的同时，积极向广大水产养殖从业者宣传有关水产品质量安全的法律法规，普及安全用药知识，指导规范生产，不断强化养殖户的主体责任意识，力争从源头上保障水产品质量安全。

图5-2　现场采样　　　　　　图5-3　采样信息化

通过几年的经验积累，德清县创建了一套较为完整的基层快检工作示范模式，推进了水产品药物残留快检技术在水产养殖生产者自检和基层监管中的应用。浙江省水产技术推广总站制定操作手册，手册内容从快检技术人员培训、实验室建设、试剂耗材采购、测定设备选配、检测数据采集追溯、质量控制要求等方面规范水产品快检工作，确保检测数据准确，为初级水产品安全风险监控提供科学依据，成为农产品质量安全监管有力的技术支撑。

第二节　浙江省杭州市启动农产品质量安全追溯管理

杭州市农业局（现杭州市农业农村局）组织相关县（市、区）水产管理部门，于2011年年底在水产品生产领域建设了53个水产品质量安全快速检测点，其中余杭区9个、萧山区5个、西湖区3个、富阳市（现富阳区）8个、桐庐县6个、建德市6个、淳安县9个、临安市（现临安区）4个、杭州经济技术开发区（现属钱塘区）1个、杭州市水产站（现杭州市农业技术推广中心）1个、杭州市渔政站（现杭州市渔政管理站）1个。2012年开始投入使用，2012—2014年政府共投入123万元，在杭州市水产品生产领域开展质量安全快速检测，共检测1652批次，合格率为100%。在此基础上，杭州市于2015年建立20个省级水产品质量安全追溯管理示范点，成为全

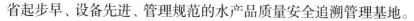

省起步早、设备先进、管理规范的水产品质量安全追溯管理基地。

2012年，全市53个水产品质量安全快速检测点共检测水产品757批次，其中3月检测47批次，4月检测46批次，5月检测41批次，6月检测121批次，7月检测59批次，8月检测103批次，9月检测106批次，10月检测101批次，11月检测68批次，12月检测65批次，合格率均为100%。检测最多的站点为余杭区闲林街道，共检测101批次，其次为浙江中得生态养殖有限公司，共检测81批次。2013年，全市共检测水产品900批次，比2012年增加18.9%，每季度分别检测192、275、232、201批次。2014年，全市对水产品生产基地有针对性地进行重点监测，对生产基地的出厂水产品进行专项快速检测221批次，合格率为100%。3年来，主要检测品种为淡水鱼、虾类和龟鳖类，检测对象为最容易出现问题的三大药物——孔雀石绿、硝基呋喃类和氯霉素，检测结果均无阳性，合格率为100%。

在流通领域，浙江省高度重视快检在农贸市场食品安全监管中的应用。如2019年上半年，诸暨市食品流通领域快检31787批次，覆盖499种农副产品，不合格42批次，合格率为99.9%，共销毁或退货不合格产品1411.6kg。其中，全市36家农贸市场共快检17655批次，不合格25批次，销毁不合格产品69.6kg，合格率为99.9%；2家农副产品集中配送企业共快检5867批次，不合格17批次，退货不合格产品1342kg，合格率为99.7%；第三方快检8265批次，全部合格。2019年12月，嵊州市人民检察院、嵊州市市场监督管理局共同组建的食品安全联合快检室挂牌成立，联合快检室主要针对位于嵊州市的浙东农副产品物流中心所有进场交易农产品进行交易前快速检测，包括农药残留、兽药残留、水产品药物残留、易滥用食品添加剂和非法添加物四类，不符合条件的农产品不得交易。浙东农副产品物流中心是嵊州市最大的"菜篮子"，辐射金华、台州、宁波等地，是华东地区重要的农副产品集散地之一，联合快检室每日快检近千批次，月快检量在3万批次左右。

第三节　"黑里俏"合作社结合快检开具食用农产品合格证

德清县禹越镇黑鱼养殖面积达6240亩，年产值1.8亿元。当地黑鱼养殖专业合作社打造的"黑里俏"品牌远近闻名，2018年获评省十大区域品牌水产品（图5-4）。前些年黑鱼传统高密度养殖污染大，养殖尾水处理难的问题，随着国家对生态环境的重视以及消费者对黑鱼品质需求日渐提高，开始倒逼水产养殖业转型，注重水产品品质和质量安全。2019年4月，浙江省水产技术推广总站与禹越镇黑鱼专业合作社进行战略合作，致力于黑鱼生态净养、品牌打造，共同探索"黑里俏"黑鱼提质增效，在保障德清县水产品质量安全的同时，引入水产品药物残留快速检测技术并应用于生产第一线的产品质量监测，为德清县水产品溯源体系提供准入、检测等追溯信息，为实现水产品质量安全风险防控、预警和响应一体化监管服务提供有力的技术支撑。

浙江省水产技术推广总站向"黑里俏"黑鱼养殖合作社赠送水产品药物残留快检试剂盒等实验试剂耗材，帮助合作社建设标准化快速检测实验

图5-4　"黑里俏"黑鱼合作社养殖生产

室。通过指导和培训,合作社工作人员掌握水产品采集、制样、快检、质控和结果上传等基本操作技能,可以开展日常自检,确保出塘上市的产品质量。合作社工作人员利用快检实验室设施,还可以监测黑鱼暂养系统水质的溶解氧、氨氮、pH等指标,对日常养殖水质调节技术给予指导,确保标准化安全生产。

　　合作社工作人员现场开展孔雀石绿、氯霉素、呋喃唑酮代谢物、呋喃西林代谢物、呋喃它酮代谢物、呋喃妥因代谢物等六项禁用药物指标检测,采用胶体金读卡结果显示判定各项指标是否合格(图5-5)。将"阴性"或"阳性"检测结果直接录入"浙江省农业主体追溯管理系统"(图5-6),输入养殖户主体信息,就能获取带有快检检测结果的食用农产品合格证(图5-7)。消费者只需用手机扫一扫合格证上的二维码,即可了解该批农产品的生产主体信息,包括养殖产地、养殖户信息、生长过程、用药、饲料等信息,同时可知道产品质量安全检测结果。

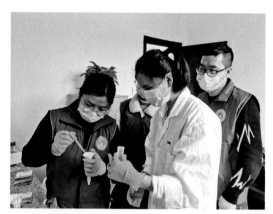

图5-5　快检实验室现场操作

图5-6　浙江省农业主体追溯管理系统

图5-7　"黑里俏"合作社产品贴上合格证

　　浙江省是全国食用农产品合格证试点省份,推行"一证一码"追溯制度以来取得了良好效果。食用农产品合格证不仅是上市农产品的"身份证"，更是质量安全的"新名片"。禹越镇农合联负责人拿着这张合格证高兴地说："有了这样的合格证，每条鱼都能追根溯源，消费者吃得放心了，也能大大促进'黑里俏'黑鱼的提质增效和品牌打造！"

第四节　广东省市场环节开展食用农产品快检服务

在市场流通环节，以广东珠海为例，2019年，珠海市香洲区食品药品监督管理局的农贸市场（超市）食用农产品快检服务采购项目总金额达480余万元，其中要求每月水产类检测批次不得低于780批次，水产检测项目含孔雀石绿、氯霉素、硝基呋喃类代谢物等。此外，浙江绍兴、天津西青、江苏扬州、安徽合肥等地也陆续开展了类似的项目。

2016年，广东省政府将"全省1000家农贸市场开展食用农产品快速检测工作"列为省政府十件民生实事的一项重要工作任务，要求综合性农产品批发市场每天快检数量不少于30个样品，其中水产品每天快检数量不少于3个样品。水产品专业批发市场，固定经营户小于等于100户的，每天快检数量不少于10个样品；固定经营户大于100户的，每天快检数量不少于20个样品。零售市场，每天快检数量不少于10个样品，其中水产品每月快检数量不少于10个样品。

2016年，广东省实际开展快速检测工作的食用农产品市场（主要从事蔬菜、水产品销售）为1146家，其中批发市场110家、零售市场1036家。截至2016年8月16日，全省各地快检蔬菜和水产品共65.8万批次，合格率为99.61%，筛查发现和销毁了2547批次12946.21kg的快检不合格食用农产品，其中蔬菜类2250批次11410.96kg，水产品类297批次1535.25kg。2017年快检工作扩容到2058家，进一步提升广东省食用农产品质量安全水平。

2017年，深圳市启动了食品安全"一街一车一室"建设工作，2018年

5月，全市74个街道已经全部完成快检车和快检室配备，累计建设面积约8000m²，配置707名专职快检人员。投入运营首月已完成快检41956批次，检测不合格427批次，销毁处理不合格食品1354.961kg。

罗湖区是深圳市唯一将项目全部建成在辖区监管所的行政区。2018年4月3日，罗湖区"一街一车一室"项目正式揭牌，项目共投入经费2150万元，在全区每个街道均建立一个快检室，累计建设面积约785m²，共配置10辆快检车及96名专职快检人员。2019年1月1日至9月30日，全区"一街一车一室"项目共抽检食品56569批次，接受市民送检7451次，送检量占全市食品快检室送检总量的23.36%；举办各式食品安全宣传和现场快检活动共977场，受益人群约8.5万，位居全市前列。

2016年，惠州市惠城区在18家农贸市场开展快速检测工作的基础上，进一步扩大快检覆盖面，即在全区13个镇办22家农贸市场实施食用农产品快速检测，实现镇办快检覆盖率100%，预计全年的农产品快检总批次约为120000批次，其中蔬菜116000批次，水产品4000批次。2017年1—7月，惠城区共快检44281批次（其中蔬菜42665批次，水产品1616批次），不合格23批次（其中蔬菜17批次，水产品6批次），合格率为99.95%，检测不合格的产品已采取销毁、无害化等手段妥善处理，共处理快检不合格产品253kg（其中蔬菜249.25kg，水产品3.75kg），大力提升惠城区食用农产品安全保障水平。

第五节　海南省"东风螺"产业链快检追溯系统建设

东风螺作为海南省主要水产养殖品种，养殖规模不断扩大。据不完全统计，自2013年以来，东风螺养殖户数量增加近2倍，养殖面积增加1倍多。全省养殖户1800家，全产业链价值15亿元。然而，东风螺苗种和产地抽样检测合格率较低，市场问题不断，质量安全形势严峻。

海南省农业主管部门为了推动"东风螺"这项特色水产品产业持续健康发展，应用了药残快检技术来"破局"，建立从产地到市场的"东风螺"产业链快检追溯系统（图5-8）。图中上半部分是养殖户详细记录的苗种、物流、投入品三项记录，统计在追溯系统里后，导入二维码内；下半部分是项目、日期、检测结果等检测信息，从另一端导入二维码内，最终形成综合合格证（图5-9），流入市场。

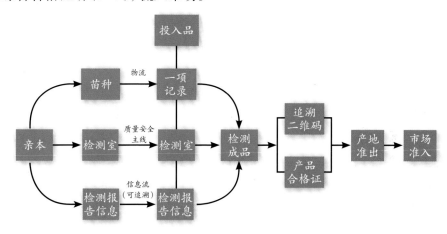

图5-8 "东风螺"产业链快检追溯系统工作思路

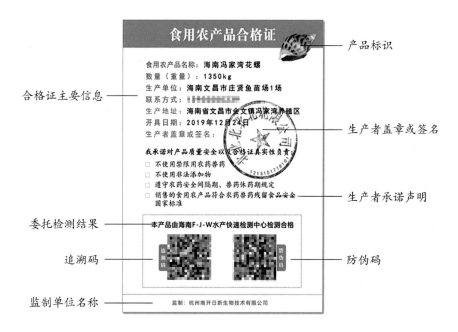

图5-9 海南省"东风螺"食用农产品合格证

东风螺单品的追溯（快检）中心选择在文昌会文镇，其他5个追溯（快检）实验室分别位于文昌翁田镇、琼海长坡镇、琼海博鳌镇、万宁山根镇、昌江海尾镇，为今后当地石斑鱼、对虾、金鲳鱼等多个品线追溯（快检）中心全覆盖做了准备。

文昌会文镇东风螺追溯（检测）中心（图5-10）面积超120 m²，包含收样、前处理、检测、样本与试剂存储、公示、报告出具等功能区块，中心日均检测能力可达到300批次，涵盖了孔雀石绿、氯霉素、硝基呋喃类代谢物等近20项水产检测项目。中心除了完成来样快速检测，同时涉及追溯信息上报、合格证开具、培训指导等职能。

图5-10　文昌会文镇东风螺追溯（检测）中心

实验室基本配置包括收样、前处理室、药品室、留样室、快检室（前处理区、实验区）以及监控设备，如人员入场面部识别、人员入场着装侦测、温湿度智能预警等智慧化监管等。根据东风螺行业特点及品种追溯（快检）的实际情况，制定相关管理体系与规章制度，由第三方检测机构驻派专业检测人员，统一管理，开展针对性服务。每个快检室的快检结果实时传输到海南省水产品质量安全追溯平台（图5-11），具有不可篡改性。快检信息再由海南省水产品质量安全追溯平台按单品传输到快检中心（图

5-12)，快检中心负责统计分析本单品水产品质量安全的规律特点，起到预警作用。

图5-11　海南省水产品质量安全追溯平台

图5-12　追溯（检测）中心数据统计分析平台

　　合格证的追溯码（图5-13）具备两种功能，其一是对接了海南省水产品质量安全追溯平台，保证了消费者可以直接追溯到生产源头；其二是提供检测报告，保证消费者可以查看检测内容与结果。合格证的防伪码（图5-14）则是为了保证检测机构对检测结果负责，保证合格证真实有效。从另一个角度来说，合格证是直接张贴在货物外包装上的，运输以及市场售卖等需要转交合格证的环节都不需要携带文件，证随货走，有力地支持了市场准入和产地准出的衔接。

图5-13　追溯码扫描详情（示例）　　　图5-14　防伪码扫描详情（示例）

第六节　国内其他地区快检技术应用案例

　　2016年，上海全市共监督抽检各类食品样品198630件，合格195653件，合格率为98.5%，同比提高0.3%；快速检测152.1万项次，快速检测筛检阳性率为0.75%，同比降低0.15%。其中，快速检测的126.5万份地产蔬菜样品全部合格，499家水产养殖场被检测的630份样品全部合格，动物产品兽药残留检测666批次，合格率为99.7%。上海的食品监督抽检强度已超过10.5件/千人，超过了欧美城市的平均水平。

　　在安徽，三年农产品安全民生工程共投入资金总额3亿元，其中快检体系建设1.8亿多元，快检资金主要用于实验室改造、仪器设备购置等农产品安全快检体系。项目建成后，可满足有机磷类农药、氨基甲酸酯类农药、荧光增白剂、"瘦肉精"（盐酸克伦特罗、莱克多巴胺和沙丁胺醇等）、孔雀石绿、氯霉素、呋喃唑酮、恩诺沙星和抗生素等项目快速检测，对强化生产基地农产品质量安全监管具有现实意义。目前已建成快检体系点3763个。自2017年安徽省农产品安全快检系统实施检测数据上传以来，全省累计上传省农产品质量安全快速检测平台185万多条检测数据，其中2018年上传检测数据119万多条，平均每个乡镇快检室年检测农产品样品达200多个，较好地发挥了农产品质量安全监管作用。

2017年以来，广西市场监管部门着力建设食用农产品质量安全快检监测系统，先后投入1.1亿元在各市、县、乡镇3418个农贸市场建设快检监控平台和快速检测室。系统建成运行一年来，共检测果蔬、畜禽肉类、水产品等食用农产品85万批次，发现并禁止入场销售问题食用农产品18000kg，检测食用农产品不合格率同比下降1.38%。

思考题

1.《农产品质量安全监测管理办法》第二十九条规定，采用快速检测方法进行监督抽查检测，被抽查人对检测结果有异议的，可以自收到检测结果起几个小时内书面申请复检？

2.《农产品质量安全监测管理办法》第三十条规定，复检由农业农村主管部门指定具有资质的检测机构承担，是否可以采用快速检测方法？

3.目前水产品药物残留常见快检项目包括哪些？检出限要求分别是多少？

小贴士

水产品药物残留常见快检项目包括氯霉素、孔雀石绿（含无色孔雀石绿）、硝基呋喃类代谢物（呋喃唑酮代谢物、呋喃西林代谢物、呋喃妥因代谢物、呋喃它酮代谢物）等。检出限要求：氯霉素为0.3μg/kg、孔雀石绿（含无色孔雀石绿）为1.0μg/kg、硝基呋喃类代谢物各组分为1.0μg/kg。

附　录

附录1　水产品药物残留快速检测工作流程图

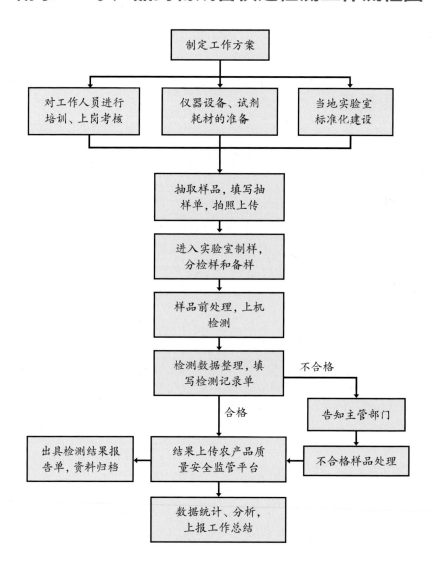

制定工作方案

对工作人员进行培训、上岗考核

仪器设备、试剂耗材的准备

当地实验室标准化建设

抽取样品，填写抽样单，拍照上传

进入实验室制样，分检样和备样

样品前处理，上机检测

检测数据整理，填写检测记录单

不合格

告知主管部门

合格

不合格样品处理

结果上传农产品质量安全监管平台

出具检测结果报告单，资料归档

数据统计、分析，上报工作总结

附录2 水产品快速检测被抽检单位须知

一、水产品快速检测抽检根据《食品安全法》《农产品质量安全法》《兽药管理条例》《水产养殖质量安全管理规定》《浙江省食用农产品安全管理办法》等有关法律法规组织实施，任何单位不得拒绝。对拒绝抽检的，××农业农村局将公布拒绝抽检单位名单。

二、抽检组织单位须持有效身份证件（身份证或工作证），并由当地行政人员陪同在养殖场现场随机抽取。

三、抽检组织单位不得向被抽检单位收取任何费用，并须按××农业农村局规定的价格（龟鳖类50元，除龟鳖类以外水产品20元）向被抽检单位支付样品补偿费。

四、抽取样品的数量不得超过检测必需和备份样品的数量。

五、快速检测初次检测不合格的样品将组织快检方式的复检，快检复检结果不合格，检测机构出具不合格报告（以复检机构的检测报告为准）送达当地主管部门发给养殖户；检测机构会将结果上报××农业农村局，并按相关管理要求采取后续措施。如被抽检单位对快检结果有异议，应当自收到不合格报告5日内向××农业农村局书面提出复检申请，对该批水产品进行封存，按监督抽检程序委托第三方实验室进行定量检测分析后再做处理。逾期未提出异议的，视为认同检验结果。

六、被抽检单位对执行此快速检测抽检任务的单位、个人及有关此次抽查工作的任何意见，请及时向××农业农村局反馈。反馈意见应留下电话、传真或E-mail等联系方式。

七、此《须知》由××农业农村局制定，在抽样时交付被抽检单位。

------------------------ 沿此虚线剪下，作为收到本《须知》的回执 ------------------------

回　执

《水产品快速检测被抽检单位须知》已收悉。

被抽检单位代表人：　　　　　　　　　　　　　　　（签名或盖章）

年　月　日

附录3 快速检测方法性能指标计算表

样品情况[a]	检测结果[b]		总数
	阳性	阴性	
阳性	$N11$[c]	$N12$	$N1. = N11 + N12$
阴性	$N21$	$N22$	$N2. = N21 + N22$
总数	$N.1 = N11 + N21$	$N.2 = N12 + N22$	$N = N1. + N2.$ 或 $N.1 + N.2$
显著性差异（χ^2）	$\chi^2 = (|N12 - N21| - 1)^2/(N12 + N21)$，自由度（$df$） = 1		
灵敏度（$p+$）/%	$p+ = N11/N1. \times 100$		
特异性（$p-$）/%	$p- = N22/N2. \times 100$		
假阴性率（$pf-$）/%	$pf- = N12/N1. \times 100 = 100 -$ 灵敏度		
假阳性率（$pf+$）/%	$pf+ = N21/N2. \times 100 = 100 -$ 特异性		
相对准确度[d]/%	$(N11 + N22)/(N1. + N2.) \times 100$		

注：a. 由参比方法检验得到的结果或者样品中实际的公议值结果。

　　b. 由待确认方法检验得到的结果。灵敏度的计算使用确认后的结果。

　　c. N 表示任何特定单元的结果数，第一个下标指行，第二个下标指列。例如：$N11$ 表示第一行，第一列；$N1.$ 表示所有的第一行；$N.2$ 表示所有的第二列；$N12$ 表示第一行，第二列。

　　d. 为方法的检测结果相对准确性的结果，与一致性分析和浓度检测趋势情况综合评价。

附录4　水产品质量安全快速检测抽样单

抽样时间：　　　年　　月　　日　　　　　　　编号：

样品名称		样品编号	
受检单位			
抽样地点		抽样数量	
检测项目			
抽样费用			

受检单位对所填内容和采/抽样品有效性确认： □以上所填内容和采/抽样品真实有效 □对所填内容和采/抽样品有效性有异议 负责人（签字）： （公章） 年　月　日	采/抽样人员	
	行政主管人员 （签字）	抽样技术人员 （签字）
	联系电话： 年　月　日	联系电话： 年　月　日

备　注	

注：a. 本工作单由受检单位协助采/抽样人员如实填写。

　　b. 受检单位负责人、行政人员和采样技术人员须分别在工作单上签字、盖章。本工作单将作为抽样组织单位与受检单位样品确认的重要依据。

　　c. 本工作单一式三联，第一联交承检机构，第二联留受检单位。

　　d. 需要做选择的项目，在选中项目的"□"中打"√"。

附录5 水产品药残快速检测原始记录

样品名称			样品编号		
检测单位			试剂盒 生产单位		
试剂盒 生产批号			试剂盒 有效期		
受检单位					
抽样地点	养殖塘 （池）号			抽样数量/kg	
	经纬度			抽样基数/kg	
检测结果	检测项目	判定限量/ （μg/kg）	测量结果	单项判定	综合判定
	□氯霉素	0.1	□阴性 □阳性	□符合 □不符合	□合格 □不合格
	□孔雀石绿	1.0	□阴性 □阳性	□符合 □不符合	
	□五氯酚钠	1.0	□阴性 □阳性	□符合 □不符合	
	□呋喃唑酮 代谢物	0.5	□阴性 □阳性	□符合 □不符合	
	□呋喃它酮 代谢物	0.5	□阴性 □阳性	□符合 □不符合	
	□呋喃西林 代谢物	0.5	□阴性 □阳性	□符合 □不符合	
	□呋喃妥因 代谢物	0.5	□阴性 □阳性	□符合 □不符合	
备注					

注：a.各检测项目的判定限量根据实际使用的快速检测试剂盒确定。

　　b.所使用快速检测方法，氯霉素的检出限为0.1μg/kg，孔雀石绿的检出限为1.0μg/kg，五氯酚钠的检出限为1.0μg/kg，呋喃唑酮代谢物、呋喃西林代谢物、呋喃它酮代谢物、呋喃妥因代谢物的检出限均为0.5μg/kg。

检测人：　　　　　　校对人：　　　　　　　审核人：

抽检单位（盖章）

年　月　日

附录6　水产品药残快速检测质控记录

检测项目		检测方法	
阳性质控样品（名称/编号/添加浓度）		阴性质控样品（名称/编号）	
同一批次样品编号			
检测日期			
仪器/型号		编号	
试剂盒生产单位		有效期	生产批号
阴性质控	□阴性　□阳性　□无效	阳性质控	□阴性　□阳性　□无效
质控结果	□合格	□不合格	
备注			

检测人：　　　　　　　　　　　　　　　　　审核人：

　　　　　　　　　　　　　　　　　　　年　月　日至　　年　月　日

附录7 水产品药残快速检测结果报告单

报告编号：

被抽检单位		检测日期	
样品数量		抽样规格	
样品描述		抽样基数	
被抽检单位负责人		抽样地点	
所用试剂盒生产厂家		抽样日期	
抽样单位		抽样人	
检测单位		检测方法	
样品编号/样品名称	检测项目	检测结果	判定结论
备注			

制表：　　　　　　　　　　　　　　　　　　批准：

检测单位（盖章）

附录8　水产品快速检测结果汇总单

报告编号：

序号	样品编号	样品名称	受检单位	检测项目	方法标准	检测结果	抽样人	抽样日期	检测人	检测日期
1										
2										
3										
4										
5										
6										
7										
8										
9										
10										
11										
12										
13										
14										

检测人：　　　　　　　校对人：　　　　　　　审核人：

抽检单位（盖章）

年　月　日

附录9 水产品快速检测阳性样品结果复测记录单

上报时间：

上报单位（盖章）：

序号	样品编号	样品名称	复检项目	初检结果	初检时间	初测人	复检结果	复检时间	复测人	备注

填报人：　　　　　　　　审核人：　　　　　　　　批准人：

××农业农村局制

附录10　水产养殖用药明白纸（2021年版）

动物食品中禁止使用的药品及其他化合物清单（截至2021年12月）

序号	名称	依据
1	酒石酸锑钾（antimony potassium tartrate）	农业农村部公告第250号
2	β-兴奋剂（β-agonists）类及其盐、酯	
3	汞制剂：氯化亚汞（甘汞，calomel）、醋酸汞（mercurous acetate）、硝酸亚汞（mercurous nitrate）、吡啶基醋酸汞（pyridyl mercurous acetate）	
4	毒杀芬（氯化烯，camahechlor）	
5	卡巴氧（carbadox）及其盐、酯	
6	呋喃丹（克百威，carbofuran）	
7	氯霉素（chloramphenicol）及其盐、酯	
8	杀虫脒（克死螨，chlordimeform）	
9	氨苯砜（dapsone）	
10	硝基呋喃类：呋喃西林（furacilinum）、呋喃妥因（furadantin）、呋喃它酮（furaltadone）、呋喃唑酮（furazolidone）、呋喃苯烯酸钠（nifurstyrenate sodium）	
11	林丹（lindane）	
12	孔雀石绿（malachite green）	
13	类固醇激素：醋酸美仑孕酮（melengestrol acetate）、甲基睾丸酮（methyltestosterone）、群勃龙（去甲雄三烯醇酮，trenbolone）、玉米赤霉醇（zeranal）	
14	安眠酮（methaqualone）	
15	硝呋烯腙（nitrovin）	
16	五氯酚酸钠（pentachlorophenol sodium）	

续表

序号	名称	依据
17	硝基咪唑类：洛硝达唑（ronidazole）、替硝唑（tinidazole）	农业农村部公告第250号
18	硝基酚钠（sodium nitrophenolate）	
19	己二烯雌酚（dienoestrol）、己烯雌酚（diethylstilbestrol）、己烷雌酚（hexoestrol）及其盐、酯	
20	锥虫砷胺（tryparsamile）	
21	万古霉素（vancomycin）及其盐、酯	

食品动物中停止使用的兽药（截至2021年12月）

序号	名称	依据
1	洛美沙星、培氟沙星、氧氟沙星、诺氟沙星4种兽药的原料药的各种盐、酯及其各种制剂	原农业部公告第2292号
2	噬菌蛭弧菌微生态制剂（生物制菌王）	原农业部公告第2294号
3	非泼罗尼及相关制剂	原农业部公告第2583号
4	喹乙醇、氨苯胂酸、洛克沙胂3种兽药的原料药及各种制剂	原农业部公告第2638号

《兽药管理条例》第三十九条规定："禁止使用假、劣兽药以及国务院兽医行政管理部门规定禁止使用的药品和其他化合物。"

《兽药管理条例》第四十一条规定："禁止将原料药直接添加到饲料及动物饮用水中或者直接饲喂动物。禁止将人用药品用于动物。"

《农药管理条例》第三十五条规定："严禁使用农药毒鱼、虾、鸟、兽等。"

已批准的水产养殖用兽药（截至2021年12月）

序号	名称	依据	休药期	序号	名称	依据	休药期
抗生素				驱虫和杀虫剂			
1	甲砜霉素粉*	A	500度日	13	复方甲苯咪唑粉	A	150度日
2	氟苯尼考粉*	A	375度日	14	甲苯咪唑溶液（水产用）*	B	500度日
3	氟苯尼考注射液	A	375度日	15	地克珠利预混剂（水产用）	B	500度日
4	氟甲喹粉*	B	175度日	16	阿苯达唑粉（水产用）	B	500度日
5	恩诺沙星粉（水产用）*	B	500度日	17	吡喹酮预混剂（水产用）	B	500度日
6	盐酸多西环素粉（水产用）*	B	750度日	18	辛硫磷溶液（水产用）*	B	500度日
7	维生素C磷酸酯镁盐酸环丙沙星预混剂	B	500度日	19	敌百虫溶液（水产用）*	B	500度日
8	硫酸新霉素粉（水产用）*	B	500度日	20	精制敌百虫粉（水产用）*	B	500度日
9	磺胺间甲氧嘧啶钠粉（水产用）*	B	500度日	21	盐酸氯苯胍粉（水产用）	B	500度日
10	复方磺胺嘧啶粉（水产用）*	B	500度日	22	氯硝柳胺粉（水产用）	B	500度日
11	复方磺胺二甲嘧啶粉（水产用）*	B	500度日	23	硫酸锌粉（水产用）	B	未规定
12	复方磺胺甲呼唑粉（水产用）*	B	500度日	24	硫酸锌三氯异氰脲酸粉（水产用）	B	未规定

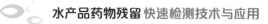

序号	名称	依据	休药期	序号	名称	依据	休药期
驱虫和杀虫剂				消毒剂			
25	硫酸铜硫酸亚铁粉（水产用）	B	未规定	37	过硼酸钠粉（水产用）	B	0度日
26	氰戊菊酯溶液（水产用）*	B	500度日	38	过氧化钙粉（水产用）	B	未规定
27	溴氰菊酯溶液（水产用）*	B	500度日	39	过氧化氢溶液（水产用）	B	未规定
28	高效氯氰菊酯溶液（水产用）	B	500度日	40	含氯石灰（水产用）	B	未规定
抗真菌药				41	苯扎溴铵溶液（水产用）	B	未规定
29	复方甲霜灵粉	C2505	240度日	42	癸甲溴铵碘复合溶液	B	未规定
消毒剂				43	高碘酸钠溶液（水产用）	B	未规定
30	三氯异氰脲酸粉	B	未规定	44	蛋氨酸碘粉	B	虾0日
31	三氯异氰脲酸粉（水产用）	B	未规定	45	蛋氨酸碘溶液	B	鱼虾0日
32	戊二醛苯扎溴铵溶液（水产用）	B	未规定	46	硫代硫酸钠粉（水产用）	B	未规定
33	稀戊二醛溶液（水产用）	B	未规定	47	硫酸铝钾粉（水产用）	B	未规定
34	浓戊二醛溶液（水产用）	B	未规定	48	碘附（Ⅰ）	B	未规定
35	次氯酸钠溶液（水产用）	B	未规定	49	复合碘溶液（水产用）	B	未规定
36	过碳酸钠（水产用）	B	未规定	50	溴氯海因粉（水产用）	B	未规定

续表

序号	名称	依据	休药期	序号	名称	依据	休药期
	消毒剂				中药材和中成药		
51	聚维酮碘溶液（Ⅱ）	B	未规定	69	六味地黄散（水产用）	B	未规定
52	聚维酮碘溶液（水产用）	B	500度日	70	六味黄龙散	B	未规定
53	复合亚氯酸钠粉	C2236	0度日	71	双黄白头翁散	B	未规定
54	过硫酸氢钾复合物粉	C2357	无	72	双黄苦参散	B	未规定
	中药材和中成药			73	五倍子末	B	未规定
55	大黄末	A	未规定	74	五味常青颗粒	B	未规定
56	大黄芩鱼散	A	未规定	75	石知散（水产用）	B	未规定
57	虾蟹脱壳促长散	A	未规定	76	龙胆泻肝散（水产用）	B	未规定
58	穿梅三黄散	A	未规定	77	加减消黄散（水产用）	B	未规定
59	蚌毒灵散	A	未规定	78	百部贯众散	B	未规定
60	七味板蓝根散	B	未规定	79	地锦草末	B	未规定
61	大黄末（水产用）	B	未规定	80	地锦鹤草散	B	未规定
62	大黄解毒散	B	未规定	81	芪参散	B	未规定
63	大黄芩蓝散	B	未规定	82	驱虫散（水产用）	B	未规定
64	大黄侧柏叶合剂	B	未规定	83	苍术香连散（水产用）	B	未规定
65	大黄五倍子散	B	未规定	84	扶正解毒散（水产用）	B	未规定
66	三黄散（水产用）	B	未规定	85	肝胆利康散	B	未规定
67	山青五黄散	B	未规定	86	连翘解毒散	B	未规定
68	川楝陈皮散	B	未规定	87	板黄散	B	未规定

序号	名称	依据	休药期	序号	名称	依据	休药期
中药材和中成药				中药材和中成药			
88	板蓝根末	B	未规定	102	黄芪多糖粉	B	未规定
89	板蓝根大黄散	B	未规定	103	银翘板蓝根散	B	未规定
90	青莲散	B	未规定	104	雷丸槟榔散	B	未规定
91	青连白贯散	B	未规定	105	蒲甘散	B	未规定
92	青板黄柏散	B	未规定	106	博落回散	C2374	未规定
93	苦参末	B	未规定	107	银黄可溶性粉	C2415	未规定
94	虎黄合剂	B	未规定	疫苗			
95	虾康颗粒	B	未规定	108	草鱼出血病灭活疫苗	A	未规定
96	柴黄益肝散	B	未规定	109	草鱼出血病活疫苗（GCHV-892株）	B	未规定
97	根莲解毒散	B	未规定	110	牙鲆鱼溶藻弧菌、鳗弧菌、迟缓爱德华菌病多联抗独特型抗体疫苗	B	未规定
98	清健散	B	未规定	111	嗜水气单胞菌败血症灭活疫苗	B	未规定
99	清热散（水产用）	B	未规定	112	鱼虹彩病毒病灭活疫苗	C2152	未规定
100	脱壳促长散	B	未规定	113	大菱鲆迟钝爱德华氏菌活疫苗（EIBAV1株）	C2270	未规定
101	黄连解毒散（水产用）	B	未规定	114	大菱鲆鳗弧菌基因工程活疫苗（MVAV6203株）	D158	未规定

序号	名称	依据	休药期	序号	名称	依据	休药期
	疫苗				生物制品		
115	鳜传染性脾肾坏死病灭活疫苗（NH0618株）	D253	未规定	120	注射用复方鲑鱼促性腺激素释放激素类似物	B	未规定
	维生素类药			121	注射用复方绒促性素A型（水产用）	B	未规定
116	亚硫酸氢钠甲萘醌粉（水产用）	B	未规定	122	注射用复方绒促性素B型（水产用）	B	未规定
117	维生素C钠粉（水产用）	B	未规定	123	注射用绒促性素（Ⅰ）	B	未规定
	生物制品				其他类		
118	注射用促黄体素释放激素A2	B	未规定	124	多潘立酮注射液	B	未规定
119	注射用促黄体素释放激素A3	B	未规定	125	盐酸甜菜碱预混剂（水产用）	B	0度日

注：a.本宣传材料仅供参考，已批准的兽药名称、用法用量和休药期，以《兽药典》《兽药质量标准》和相关公告为准。

b.代码解释，A代表《兽药典》2015年版，B代表《兽药质量标准》2017年版，C代表原农业部公告，D代表农业农村部公告。

c.休药期中"度日"是指水温与停药天数乘积，如某兽药休药期为500度日，当水温为25℃，需停药20日以上，即25℃×20日＝500度日。

d.水产养殖生产者应依法做好用药记录，使用有休药期规定的兽药必须遵守休药期，购买处方药必须由执业兽医开具处方。

e.带＊的兽药，为凭借执业兽医处方可以购买和使用的兽用处方药。

附录11　水产品中孔雀石绿的快速检测
胶体金免疫层析法
（KJ 201701）

1　范围

本方法规定了水产品及其养殖用水中孔雀石绿和隐色孔雀石绿总量的胶体金免疫层析快速检测方法。

本方法适用于鱼肉及养殖用水中孔雀石绿和隐色孔雀石绿总量的快速测定。

2　原理

样品中孔雀石绿、隐色孔雀石绿经有机试剂提取，吸附剂净化，正己烷除脂后，加入氧化剂将隐色孔雀石绿氧化成为孔雀石绿，经浓缩复溶后，孔雀石绿与胶体金标记的特异性抗体结合，抑制抗体和检测卡中检测线（T线）上抗原的结合，从而导致检测线颜色深浅的变化。通过检测线与控制线（C线）颜色深浅比较，对样品中孔雀石绿和隐色孔雀石绿总量进行定性判定。

3　试剂和材料

除另有规定外，本方法所用试剂均为分析纯，水为GB/T 6682规定的二级水。

3.1　试剂

3.1.1　正己烷。

3.1.2　乙腈。

3.1.3　冰乙酸。

3.1.4　盐酸。

3.1.5　吐温-20。

3.1.6　氯化钠。

3.1.7　对-甲苯磺酸。

3.1.8　无水乙酸钠。

3.1.9　盐酸羟胺。

3.1.10　无水硫酸钠。

3.1.11　中性氧化铝：层析用，100～200目。

3.1.12　二氯二氰基苯醌。

3.1.13　氯化钾。

3.1.14　磷酸二氢钾。

3.1.15　十二水合磷酸氢二钠。

3.1.16　饱和氯化钠溶液：称取氯化钠（3.1.6）200g，加水500mL，超声使其充分溶解。

3.1.17　盐酸羟胺溶液（0.25g/mL）：称取2.5g盐酸羟胺（3.1.9），用水溶解并稀释至10mL，混匀。

3.1.18　乙酸盐缓冲液：称取4.95g无水乙酸钠（3.1.8）及0.95g对-甲苯磺酸（3.1.7）溶解于950mL水中，用冰乙酸（3.1.3）调节溶液pH至4.5，用水稀释至1L，混匀。

3.1.19　二氯二氰基苯醌溶液（0.001mol/L）：称取0.0227g二氯二氰基苯醌（3.1.12）置于100mL棕色容量瓶中，用乙腈（3.1.2）溶解并稀释至刻度，混匀。4℃避光保存。

3.1.20　复溶液：称取8.00g氯化钠（3.1.6）、0.20g氯化钾（3.1.13）、0.27g磷酸二氢钾（3.1.14）及2.87g十二水合磷酸氢二钠（3.1.15）溶解于900mL水中，加入0.5mL吐温-20（3.1.5），混匀，用盐酸（3.1.4）调节pH至7.4，用水稀释至1L，混匀。

3.2　参考物质

孔雀石绿、隐色孔雀石绿参考物质的中文名称、英文名称、CAS登录号、分子式、相对分子质量见表1，纯度均≥90%。

表1　孔雀石绿、隐色孔雀石绿参考物质中文名称、英文名称、
CAS登录号、分子式、相对分子质量

序号	中文名称	英文名称	CAS登录号	分子式	相对分子质量
1	孔雀石绿	malachite green	569-64-2	$C_{23}H_{25}ClN_2$	364.91
2	隐色孔雀石绿	leucomalachite green	129-73-7	$C_{23}H_{26}N_2$	330.47

注：或等同可溯源物质。

3.3　标准溶液配制

3.3.1　孔雀石绿、隐色孔雀石绿标准储备液（1mg/mL）：精密称取适量孔雀石绿、隐色孔雀石绿参考物质（3.2），分别置于10mL容量瓶中，用乙腈（3.1.2）溶解并稀释至刻度，摇匀，分别制成浓度为1mg/mL的孔雀石绿和隐色孔雀石绿标准储备液。-20℃避光保存，有效期1个月。

3.3.2　孔雀石绿标准中间液A（1μg/mL）：精密量取孔雀石绿标准储备液（1mg/mL）（3.3.1）0.1mL，置于100mL容量瓶中，用乙腈（3.1.2）稀释至刻度，摇匀，制成浓度为1μg/mL的孔雀石绿标准中间液A。临用新制。

3.3.3　孔雀石绿标准中间液B（100ng/mL）：精密量取孔雀石绿标准中间液A（1μg/mL）（3.3.2）1mL，置于10mL容量瓶中，用乙腈（3.1.2）稀释至刻度，摇匀，制成浓度为100ng/mL的孔雀石绿标准中间液B。临用新制。

3.3.4　隐色孔雀石绿标准中间液A（1μg/mL）：精密量取隐色孔雀石绿标准储备液（1mg/mL）（3.3.1）0.1mL，置于100mL容量瓶中，用乙腈（3.1.2）稀释至刻度，摇匀，制成浓度为1μg/mL的隐色孔雀石绿标准中间液A。临用新制。

3.3.5　隐色孔雀石绿标准中间液B（100ng/mL）：精密量取隐色孔雀石绿标准中间液A（1μg/mL）（3.3.4）1mL，置于10mL容量瓶中，用乙腈（3.1.2）稀释至刻度，摇匀，制成浓度为100ng/mL的隐色孔雀石绿标准中间液B。临用新制。

3.4 材料

3.4.1　免疫胶体金试剂盒，适用基质为水产品或水。

3.4.1.1　金标微孔。

3.4.1.2　试纸条或检测卡。

4　仪器和设备

4.1　移液器

200μL、1mL 和 10mL。

4.2　涡旋混合器

4.3　离心机

转速≥4000r/min。

4.4　电子天平

感量为 0.01g。

4.5　氮吹浓缩仪

4.6　环境条件

温度 15～35℃，湿度≤80%。

5　分析步骤

5.1　试样制备

取适量有代表性样品的可食部分或养殖用水，固体样品充分粉碎混匀，液体样品需充分混匀。

5.2　试样的提取与净化

5.2.1　水产品。

准确称取试样 2g（精确至 0.01g）置于 15mL 具塞离心管中，用红色油性笔标记，依次加入 1mL 饱和氯化钠溶液（3.1.16）、0.2mL 盐酸羟胺溶液（3.1.17）、2mL 乙酸盐缓冲液（3.1.18）及 6mL 乙腈（3.1.2），涡旋提取 2min。加入 1g 无水硫酸钠（3.1.10）、1g 中性氧化铝（3.1.11），涡旋混合 1min，以 4600r/min 离心 5min。准确移取 5mL 上清液于 15mL 离心管中，加入 1mL 正己烷（3.1.1），充分混匀，以 4600r/min 离心 1min。准确移取 4mL 下层液于 15mL 离心管中，加入 100μL 二氯二氰基苯醌溶液（3.1.19），涡旋混匀，反应 1min，于 55℃水浴中氮气吹干。精密加入 200μL 复溶液（3.1.20），涡旋混合 1min，作为待测液，立即测定。

5.2.2 养殖用水。

量取试样 2mL 置于离心管中，以 4600r/min 离心 5min，移取 200μL 上清液作为待测液。

5.3 测定步骤

5.3.1 试纸条与金标微孔测定步骤。

吸取全部样品待测液于金标微孔（3.4.1.1）中，抽吸 5～10 次使混合均匀，室温温育 3～5min，将试纸条（3.4.1.2）吸水海绵端垂直向下插入金标微孔中，温育 5～8min，从微孔中取出试纸条，进行结果判定。

5.3.2 检测卡与金标微孔测定步骤。

吸取全部样品待测液于金标微孔（3.4.1.1）中，抽吸 5～10 次使混合均匀，室温温育 3～5min，将金标微孔中全部溶液滴加到检测卡（3.4.1.2）上的加样孔中，温育 5～8min，进行结果判定。

5.4 质控试验

每批样品应同时进行空白试验和加标质控试验。

5.4.1 空白试验。

称取空白试样，按照 5.2 和 5.3 步骤与样品同法操作。

5.4.2 加标质控试验。

5.4.2.1 水产品。

准确称取空白试样 2g 或适量（精确至 0.01g）置于 15mL 具塞离心管中，加入 100μL 或适量孔雀石绿标准中间液 B（100ng/mL）（3.3.3），使孔雀石绿浓度为 2μg/kg，按照 5.2 和 5.3 步骤与样品同法操作。

准确称取空白试样 2g 或适量（精确至 0.01g）置于 15mL 具塞离心管中，加入 100μL 或适量隐色孔雀石绿标准中间液 B（100ng/mL）（3.3.5），使隐色孔雀石绿浓度为 2μg/kg，按照 5.2 和 5.3 步骤与样品同法操作。

5.4.2.2 养殖用水。

准确量取空白试样 2mL（精确至 0.01g）置于 15mL 具塞离心管中，加入 100μL 孔雀石绿标准中间液 B（100ng/mL）（3.3.3），使孔雀石绿浓度为 2μg/L，按照 5.2 和 5.3 步骤与样品同法操作。

6　结果判定要求

通过对比控制线（C线）和检测线（T线）的颜色深浅进行结果判定（图1）。

6.1　无效

控制线（C线）不显色，表明不正确操作或试纸条/检测卡无效。

6.2　阳性结果

检测线（T线）不显色或检测线（T线）颜色比控制线（C线）颜色浅，表明样品中孔雀石绿和隐色孔雀石绿总量高于方法检出限，判定为阳性。

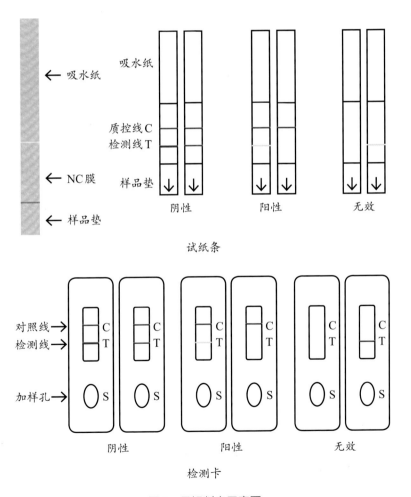

图1　目视判定示意图

6.3 阴性结果

检测线（T线）颜色比控制线（C线）颜色深或者检测线（T线）颜色与控制线（C线）颜色相当，表明样品中孔雀石绿和隐色孔雀石绿总量低于方法检出限，判定为阴性。

6.4 质控试验要求

空白试验测定结果应为阴性，加标质控试验测定结果应均为阳性。

7 结论

孔雀石绿和隐色孔雀石绿总量以孔雀石绿计，当检测结果为阳性时，应对结果进行确证。

8 性能指标

性能指标计算方法见附录A。

8.1 检出限

水产品2μg/kg，养殖用水2μg/L。

8.2 灵敏度≥99%

8.3 特异性≥85%

8.4 假阴性率≤1%

8.5 假阳性率≤15%

9 其他

本方法所述试剂、试剂盒信息及操作步骤是为给方法使用者提供方便，在使用本方法时不做限定。方法使用者在使用替代试剂、试剂盒或操作步骤前，须对其进行考察，应满足本方法规定的各项性能指标。

本方法参比标准为GB/T 19857—2005《水产品中孔雀石绿和结晶紫残留量的测定》或GB/T 20361—2006《水产品中孔雀石绿和结晶紫残留量的测定 高效液相色谱荧光检测法》（包括所有的修改单）。

本方法使用试剂盒可能与结晶紫和隐色结晶紫存在交叉反应，当结果判定为阳性时应对结果进行确证。

附录A

表A.1 快速检测方法性能指标计算方法

样品情况[a]	检测结果[b]		总数
	阳性	阴性	
阳性	$N11^c$	$N12$	$N1. = N11 + N12$
阴性	$N21$	$N22$	$N2. = N21 + N22$
总数	$N.1 = N11 + N12$	$N.2 = N21 + N22$	$N = N1. + N2.$ 或 $N.1 + N.2$
显著性差异 (χ^2)	$\chi^2 = (|N12 - N21| - 1)^2 / (N12 + N21)$,自由度 $(df) = 1$		
灵敏度 $(p+)$ /%	$p+ = N11/N1. \times 100$		
特异性 $(p-)$ /%	$p- = N22/N2. \times 100$		
假阴性率 $(pf-)$ /%	$pf- = N12/N1. \times 100 = 100 -$ 灵敏度		
假阳性率 $(pf+)$ /%	$pf+ = N21/N2. \times 100 = 100 -$ 特异性		
相对准确度 [d]/%	$(N11 + N22) / (N1. + N2.) \times 100$		

注：a. 由参比方法检验得到的结果或者样品中实际的公议值结果。

　　b. 由待确认方法检验得到的结果。灵敏度的计算使用确认后的结果。

　　c. N 表示任何特定单元的结果数，第一个下标指行，第二个下标指列。例如：$N11$ 表示第一行，第一列；$N1.$ 表示所有的第一行；$N.2$ 表示所有的第二列；$N12$ 表示第一行，第二列。

　　d. 为方法的检测结果相对准确性的结果，与一致性分析和浓度检测趋势情况综合评价。

本方法负责起草单位：上海市食品药品检验所。

验证单位：深圳出入境检验检疫局食品检验检疫技术中心、陕西省食品药品监督检验研究院。

主要起草人：刘畅、王柯、陈燕、李永吉、迟秋池。

附录12 水产品中硝基呋喃类代谢物的快速检测 胶体金免疫层析法

(KJ 201705)

1 范围

本方法规定了水产品中硝基呋喃类代谢物快速检测方法。

本方法适用鱼肉、虾肉、蟹肉等水产品中呋喃唑酮代谢物（AOZ）、呋喃它酮代谢物（AMOZ）、呋喃西林代谢物（SEM）、呋喃妥因代谢物（AHD）的快速测定。

2 原理

样品中硝基呋喃类代谢物经衍生处理后，其衍生物与胶体金标记的特异性抗体结合，抑制抗体和检测卡/试纸条中检测线（T线）上硝基呋喃类代谢物–BSA偶联物的免疫反应，从而导致检测线颜色深浅的变化。通过检测线与控制线（C线）颜色深浅比较，对样品中硝基呋喃类代谢物进行定性判定。

3 试剂和材料

除另有规定外，本方法所用试剂均为分析纯，水为GB/T 6682规定的二级水。

3.1 试剂

3.1.1 盐酸。

3.1.2 三水合磷酸氢二钾。

3.1.3 氢氧化钠。

3.1.4 甲醇。

3.1.5 乙醇。

3.1.6 乙腈。

3.1.7 邻硝基苯甲醛。

3.1.8　三羟甲基氨基甲烷。

3.1.9　乙酸乙酯。

3.1.10　正己烷。

3.1.11　邻硝基苯甲醛溶液（10 mmol/L）：准确称取0.150 g邻硝基苯甲醛，用甲醇（3.1.4）溶解并定容至100 mL。

3.1.12　磷酸氢二钾溶液（0.1 mol/L）：准确称取22.822 g三水合磷酸氢二钾（3.1.2），用水溶解并定容至1000 mL。

3.1.13　氢氧化钠溶液（1 mol/L）：准确称39.996 g氢氧化钠（3.1.3），用水溶解并稀释至1000 mL。

3.1.14　盐酸溶液（1 mol/L）：取10 mL盐酸（3.1.1）加到110 mL水中。

3.1.15　三羟甲基氨基甲烷溶液（10 mmol/L）：准确称取1.211 g三羟甲基氨基甲烷（3.1.8），溶于80 mL水中，加入盐酸（约42 mL）调节pH至8.0后，用水定容至1 L。

3.2　参考物质

硝基呋喃类代谢物参考物质的中文名称、英文名称、CAS登录号、分子式、相对分子量见表1，纯度≥99%。

表1　硝基呋喃类代谢物参考物质的中文名称、英文名称、
CAS登录号、分子式、相对分子量

中文名称	英文名称	CAS登录号	分子式	相对分子量
3-氨基-2-恶唑烷酮	3-anmino-2-oxazolidinone, AOZ	80-65-9	$C_3H_6N_2O_2$	102.09
5-甲基吗啉-3-氨基-2-唑烷基酮	5-morpholine-methyl-3-amino-2-oxazolidinone, AMOZ	43056-63-9	$C_8H_{15}N_3O_3$	201.22
1-氨基-2-乙内酰脲盐酸盐	1-Aminohydantoin hydrochloride, AHD	2827-56-7	$C_3H_5N_3O_2 \cdot HCl$	151.55
氨基脲盐酸盐	semicarbazide hydrochloride, SEM	563-41-7	$NH_2CONHNH_2 \cdot HCl$	111.53

注：或等同可溯源物质。

3.3 标准溶液的配制

3.3.1 标准储备液：分别准确称取适量参考物质（精确至0.0001g），用乙腈溶解，配制成100mg/L的标准储备液。-20℃冷冻避光保存，有效期12个月。

3.3.2 混合中间标准溶液：准确移取标准储备液（3.3.1）各1mL于100mL容量瓶中，用乙腈定容至刻度，配制成浓度为1mg/L的混合中间标准溶液。4℃冷藏避光保存，有效期3个月。

3.3.3 混合标准工作溶液：准确移取0.1mL混合中间标准溶液（3.3.2）于10mL容量瓶中，用乙腈定容至刻度，配制成浓度为0.01mg/L的混合标准工作溶液。4℃冷藏避光保存，有效期1个月。

3.4 材料

3.4.1 AOZ试剂盒（含胶体金试纸条或检测卡及配套的试剂）。

3.4.2 AMOZ试剂盒（含胶体金试纸条或检测卡及配套的试剂）。

3.4.3 SEM试剂盒（含胶体金试纸条或检测卡及配套的试剂）。

3.4.4 AHD试剂盒（含胶体金试纸条或检测卡及配套的试剂）。

3.4.5 固相萃取柱（强阴离子交换型）：规格1mL，填装量为60mg。

4 仪器和设备

4.1 电子天平

感量分别为0.1g和0.0001g。

4.2 均质器

4.3 水浴箱

4.4 离心机

4.5 氮吹仪或空气吹干仪

4.6 移液枪

10μL、100μL、1000μL、5000μL。

4.7 涡旋振荡仪

4.8 胶体金读数仪（可选）

4.9 固相萃取装置（可选）

4.10 环境条件

温度15～35℃，湿度≤80%。

5　分析步骤

5.1　试样制备

按照方法要求，称取一定量具有代表性样品可食部分（甲壳类，试样制备时须去除头部），用于后续实验。

5.2　试样提取和净化

称取适量的匀浆样品（以试剂盒操作说明书要求来定，精确至0.01g）于50mL离心管。

5.2.1　方法一（液液萃取法）。

称取2g±0.05g均质组织样品于50mL离心管中，依次加入4mL去离子水、5mL 1mol/L盐酸（3.1.14）和0.2mL 10mmol/L邻硝基苯甲醛溶液（3.1.11），充分振荡3min。将上述离心管在60℃水浴下孵育60min。依次加入5mL 0.1mol/L磷酸氢二钾溶液（3.1.12）、0.4mL 1mol/L氢氧化钠溶液（3.1.13）、乙酸乙酯6mL，充分混合3min，在室温（20～25℃）下4000r/min，离心5min。移取离心后的上层液体3mL于5mL离心管中，60℃下氮气/空气吹干。向吹干的离心管中加入2mL正己烷（3.1.10），振荡1min，然后加入0.5mL 10mmol/L三羟甲基氨基甲烷溶液（3.1.15），充分混匀30s，室温下4000r/min，离心3min（或静置至明显分层）。下层溶液即为待测液。

5.2.2　方法二（固相萃取法）。

称取6g±0.05g均质组织样品于50mL离心管中，依次加入4mL去离子水、5mL 1mol/L盐酸（3.1.14）和0.2mL 10mmol/L邻硝基苯甲醛溶液（3.1.11），充分振荡3min。将上述离心管在60℃水浴下孵育60min。依次加入5mL 0.1mol/L磷酸氢二钾溶液（3.1.12）、0.4mL 1mol/L氢氧化钠溶液（3.1.13）、乙酸乙酯6mL，充分混合3min，在室温（20～25℃）下4000r/min，离心5min。移取离心后的上层液体3mL于15mL离心管中，加入10mL 10%乙酸乙酯-乙醇溶液，上下颠倒混合4～5次，4000r/min离心1min（底部会有部分沉淀）。连接好固相萃取装置，并在固相萃取柱（3.4.5）上方连接30mL注射器针筒，将上述上清液全部倒入30mL针筒中，用手缓慢推压注射器活塞，控制液体流速约每秒1滴，使注射器中的液体全部流过固相萃取柱，再重复推压注射器活塞2次，以尽可能将固相萃取柱中的溶液去除干净。将固相萃取柱下方的接液管更换为洁净的离心管，再向固相萃取柱中加1mL 10mmol/L三羟甲基氨基甲烷溶液（3.1.15）。用手缓慢推压注射器活塞，控制液体流速约每秒1滴，使固相萃取柱中的液体全部流至离心管中后，离心管中的液体即为待测液。

5.3 测定步骤

5.3.1 试纸条与金标微孔测定步骤。

吸取适量样品待测液于金标微孔中，抽吸5~10次混合均匀，室温（20~25℃）温育5min，将试纸条吸水海绵端垂直向下插入金标微孔中，温育3~6min，从微孔中取出试纸条，进行结果判定。

5.3.2 检测卡测定步骤。

吸取适量样品待测液于检测卡的样品槽中，室温（20~25℃）温育5~10min，直接进行结果判定。

5.4 质控试验

每批样品应同时进行空白试验和加标质控试验。

5.4.1 空白试验。

称取空白试样，按照5.2和5.3步骤与样品同法操作。

5.4.2 加标质控试验。

准确称取空白样品适量（精确至0.01g）置于50mL具塞离心管中，加入适量硝基呋喃类代谢物标准工作液，使其浓度为0.5μg/kg，按照5.2和5.3步骤与样品同法操作。

6 结果判定要求

结果的判断也可使用胶体金读数仪判读，读数仪的具体操作与判读原则请参照读数仪的使用说明书。采用目视法对结果进行判读（图1，图2）。

6.1 比色法

6.1.1 无效。

控制线（C线）不显色，表明不正确操作或试纸条/检测卡无效。

6.1.2 阳性结果。

检测线（T线）不显色或检测线（T线）颜色比控制线（C线）颜色浅，

表明样品中硝基呋喃类代谢物高于方法检出限，判为阳性。

6.1.3　阴性结果。

检测线（T线）颜色比控制线（C线）颜色深或者检测线（T线）颜色与控制线（C线）颜色相当，表明样品中硝基呋喃类代谢物低于方法检出限或无残留，判为阴性。

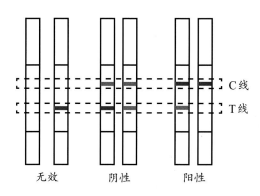

图1　目视判定示意图（比色法）

6.2　消线法

6.2.1　无效。

控制线（C线）不显色，表明不正确操作或试纸条/检测卡无效。

6.2.2　阳性结果。

检测线（T线）不显色，表明样品中硝基呋喃类代谢物高于方法检出限，判为阳性。

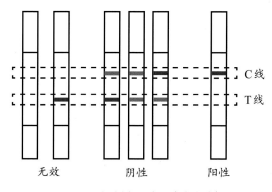

图2　目视判定示意图（消线法）

6.2.3　阴性结果。

检测线（T线）与控制线（C线）均显色，表明样品中硝基呋喃类代谢物低于方法检出限或无残留，判为阴性。

6.3　质控试验要求

空白试验测定结果应为阴性，加标质控试验测定结果应为阳性。

7　结论

当检测结果为阳性时，应对结果进行确证。

8　性能指标

性能指标计算方法见附录A。

8.1　检出限

AOZ、AMOZ、SEM、AHD均为0.5 µg/kg。

8.2　灵敏度≥95%

8.3　特异性≥95%

8.4　假阴性率≤5%

8.5　假阳性率≤5%

9　其他

本方法的测定步骤和结果判读也可以根据厂家试剂盒的说明书进行，但应符合或优于本方法规定的性能指标。本方法参比标准为GB/T 21311《动物源性食品中硝基呋喃类药物代谢物残留量检测方法　高效液相色谱/串联质谱法》。

附录A

表A.1　快速检测方法性能指标计算方法

样品情况 [a]	检测结果 [b]		总数
	阳性	阴性	
阳性	$N11$ [c]	$N12$	$N1. = N11 + N12$
阴性	$N21$	$N22$	$N2. = N21 + N22$
总数	$N.1 = N11 + N12$	$N.2 = N21 + N22$	$N = N1. + N2.$ 或 $N.1 + N.2$
显著性差异（χ^2）	$\chi^2 = (\lvert N12 - N21\rvert - 1)^2/(N12 + N21)$，自由度（$df$）$= 1$		
灵敏度（$p+$）/%	$p+ = N11/N1. \times 100$		
特异性（$p-$）/%	$p- = N22/N2. \times 100$		
假阴性率（$pf-$）/%	$pf- = N12/N1. \times 100 = 100 -$灵敏度		
假阳性率（$pf+$）/%	$pf+ = N21/N2. \times 100 = 100 -$特异性		
相对准确度 [d]/%	$(N11 + N22)/(N1. + N2.) \times 100$		

注：a. 由参比方法检验得到的结果或者样品中实际的公议值结果。
　　b. 由待确认方法检验得到的结果。灵敏度的计算使用确认后的结果。
　　c. N 表示任何特定单元的结果数，第一个下标指行，第二个下标指列。例如：$N11$ 表示第一行，第一列；$N1.$ 表示所有的第一行；$N.2$ 表示所有的第二列；$N12$ 表示第一行，第二列。
　　d. 为方法的检测结果相对准确性的结果，与一致性分析和浓度检测趋势情况综合评价。

本方法负责起草单位：深圳出入境检验检疫局食品检验检疫技术中心。
验证单位：上海市食品药品检验所、山东省食品药品检验研究院。
主要起草人：岳振峰、张恒、黄欣迪、李永吉、薛霞。

附录13 水产品中地西泮残留的快速检测 胶体金免疫层析法

(KJ 202105)

1 范围

本方法规定了水产品中地西泮胶体金免疫层析快速检测方法。

本方法适用于鱼、虾中地西泮的快速定性测定。

2 原理

本方法采用竞争抑制免疫层析原理。样品中地西泮经有机试剂提取，固相萃取柱净化，浓缩复溶后，地西泮与胶体金标记的特异性抗体结合，抑制抗体和检测卡中检测线（T线）上抗原的结合，从而导致检测线颜色深浅的变化。通过检测线与控制线（C线）颜色深浅比较，对样品中地西泮进行定性判定。

3 试剂和材料

除另有规定外，本方法所用试剂均为分析纯，水为GB/T 6682规定的二级水。

3.1 试剂

3.1.1 甲醇（CH_3OH）。

3.1.2 乙腈（CH_3CN）。

3.1.3 二水合磷酸二氢钠（$NaH_2PO_4 \cdot 2H_2O$）。

3.1.4 十二水合磷酸氢二钠（$Na_2HPO_4 \cdot 12H_2O$）。

3.1.5 氯化钠（NaCl）。

3.1.6 合成硅酸镁吸附剂（MgO_3Si）*，125～500 μm。

3.1.7 石墨化碳黑吸附剂（GCB）*，38～125 μm。

注：*合成硅酸镁吸附剂和石墨化碳黑吸附剂，颗粒较细，谨防吸入。

3.2　参考物质

地西泮参考物质的中文名称、英文名称、CAS登录号、分子式、相对分子质量见表1，纯度≥99%。

表1　地西泮参考物质中文名称、英文名称、CAS登录号、
分子式、相对分子质量

中文名称	英文名称	CAS登录号	分子式	相对分子量
地西泮	diazepam	439-14-5	$C_{16}H_{13}ClN_2O$	284.74

注：或等同可追溯物质。

3.3　溶液配制

复溶溶液：磷酸盐缓冲液（10mmol/L），称取8.0g氯化钠（3.1.5）、2.77g十二水合磷酸氢二钠（3.1.4）、0.325g二水合磷酸二氢钠（3.1.3），用水溶解并定容至1L。

3.4　标准溶液配制

3.4.1　地西泮标准储备液（100μg/mL）：精密称取地西泮参考物质（3.2）10mg，精确至0.01mg，置于小烧杯中，用甲醇（3.1.1）溶解，定量转移至100mL容量瓶中，再用甲醇（3.1.1）定容，摇匀，配制成100μg/mL地西泮标准储备液，4℃冷藏避光保存，有效期6个月。

3.4.2　地西泮标准中间液（1μg/mL）：精密量取地西泮标准储备液（3.4.1）500μL加入50mL容量瓶中，用甲醇（3.1.1）定容，摇匀，配制成1μg/mL地西泮标准中间液，4℃冷藏避光保存，有效期6个月。

3.4.3　地西泮标准工作液（10ng/mL）：精密量取地西泮标准中间液（3.4.2）500μL加入50mL容量瓶中，用甲醇（3.1.1）定容，摇匀，配制成10ng/mL地西泮标准工作液，临用现配。

3.4.4　标准溶液为外部获取时，管理及使用应符合相关规定。

3.5　材料

3.5.1　地西泮胶体金免疫层析试剂盒：一般包含金标微孔、胶体金检测卡，适用于水产品，按产品要求保存。

3.5.2　固相萃取小柱：固相萃取柱套筒（12mL体积）中塞入筛板，

称取0.8g合成硅酸镁吸附剂（3.1.6）加入柱内，使填料密实且表面水平，再塞入筛板压实，即完成固相萃取柱制备。若用于检测虾、黄鳝等含色素的样品，则填料为0.8g合成硅酸镁吸附剂（3.1.6）、0.1～0.2g石墨化碳黑吸附剂（3.1.7），混合均匀加入柱内，使填料紧密且表面水平，再塞入筛板压实，制成固相萃取柱。或者使用同类商品化固相萃取柱。

4 仪器和设备

4.1 电子天平

感量为0.01g和0.01mg。

当实验室可获得符合规定的标准溶液时，无须配备感量为0.01mg的天平。

4.2 离心机

转速≥4000r/min。

4.3 移液器

量程为10μL、200μL、1mL、5mL。

4.4 旋涡仪

4.5 氮吹仪

4.6 孵育器

可控温20～25℃。

4.7 胶体金读数仪（可选）

5 环境条件

温度15～35℃，相对湿度≤80%。

6 分析步骤

6.1 试样制备

水产品取可食用部分，称取约200g具有代表性样品，充分均质混匀，分别装入洁净容器作为试样和留样，密封，标记。留样置于−20℃保存。

6.2 试样提取

准确称取试样2g（精确至0.01g）置于15mL离心管中。加入0.4mL

水、6mL乙腈(3.1.2)，涡旋混合3min。加入约0.4g氯化钠(3.1.5)，涡旋混合30s。4000r/min离心3min，上清液备用。固相萃取柱(3.5.2)使用前加入3mL乙腈(3.1.2)，使乙腈流过并弃去以活化固相萃取柱。将离心管中上清液转移至固相萃取柱(3.5.2)，过柱并用空气压力将柱内残留液体全部吹出，收集所有样液。* 样液于40～50℃水浴氮气吹干，加入300μL复溶液(3.3)，涡旋混合30s，作为待测液。

6.3　测定步骤

测试前，将未开封的金标微孔和检测卡恢复至室温。吸取200μL待测液置于金标微孔(3.5.1)中，反复抽吸4～5次，使微孔中的试剂充分混匀，于孵育器中20～25℃孵育3min。吸取100μL混匀液垂直滴于检测卡(3.5.1)加样孔中，于孵育器中20～25℃反应5min，根据示意图判定结果，在1min内进行判读。

6.4　质控试验

6.4.1　每批样品应同时进行空白试验和加标质控试验。

空白试样应经参比方法检测且未检出地西泮。

6.4.2　空白试验：称取同类基质空白试样，按照6.2和6.3步骤与样品同法操作。

6.4.3　加标质控试验：准确称取同类基质空白样品2g(精确至0.01g)置于15mL离心管中，加入100μL地西泮标准工作液(3.4.3)，使试样中地西泮浓度为0.5μg/kg，按照6.2和6.3步骤与样品同法操作。

7　结果判定要求

采用目视法对结果进行判读(图1，图2)。也可以使用胶体金读数仪判读，读数仪的具体操作与判读原则参照读数仪的使用说明书。

7.1　比色法

7.1.1　无效。

控制线(C线)不显色，表明不正确操作或检测卡无效。

7.1.2　阳性结果。

注：*可用洗耳球或其他等效装置产生空气压力。

检测线（T线）不显色或检测线（T线）颜色比控制线（C线）颜色浅，表明样品中地西泮含量高于方法检出限，判为阳性。

7.1.3 阴性结果。

检测线（T线）颜色比控制线（C线）颜色深或者检测线（T线）颜色与控制线（C线）颜色相当，表明样品中地西泮含量低于方法检出限，判为阴性。

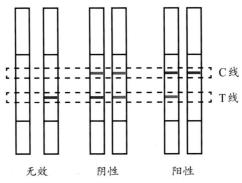

图1 目视判定示意图（比色法）

7.2 消线法

7.2.1 无效。

控制线（C线）不显色，表明不正确操作或检测卡无效。

7.2.2 阳性结果。

检测线（C线）显色，检测线（T线）不显色，表明样品中地西泮高于方法检出限，判为阳性。

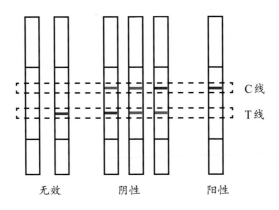

图2 目视判定示意图（消线法）

7.2.3 阴性结果。

检测线（T线）与控制线（C线）均显色，表明样品中地西泮低于方法检出限，判为阴性。

7.3 质控试验要求

空白试验测定结果应为阴性，加标质控试验测定结果应为阳性。

8 结论

当检测结果为阳性时，采用参比方法进行确证。

9 性能指标

性能指标计算方法按照附录A执行。

9.1 检出限：0.5μg/kg

9.2 灵敏度≥99%

9.3 特异性≥95%

9.4 假阴性率≤1%

9.5 假阳性率≤5%

10 其他

本方法所述试剂、试剂盒信息、操作步骤及结果判定要求是为给方法使用者提供方便，在使用本方法时不做限定。方法使用者在使用替代试剂、试剂盒或操作步骤前，须对其进行考察，应满足本方法规定的各项性能指标。

本方法参比标准为SN/T 3235—2012《出口动物源食品中多类禁用药物残留量检测方法 液相色谱-质谱/质谱法》(包括所有的修改单)。

附录A

表A.1　快速检测方法性能指标计算方法

样品情况[a]	检测结果[b]		总数
	阳性	阴性	
阳性	$N11^{c}$	$N12$	$N1. = N11 + N12$
阴性	$N21$	$N22$	$N2. = N21 + N22$
总数	$N.1 = N11 + N12$	$N.2 = N21 + N22$	$N = N1. + N2.$ 或 $N.1 + N.2$
显著性差异（χ^2）	$\chi^2 = (\lvert N12 - N21 \rvert - 1)^2 / (N12 + N21)$，自由度（$df$）$= 1$		
灵敏度（$p+$）/%	$p+ = N11/N1. \times 100$		
特异性（$p-$）/%	$p- = N22/N2. \times 100$		
假阴性率（$pf-$）/%	$pf- = N12/N1. \times 100 = 100 -$ 灵敏度		
假阳性率（$pf+$）/%	$pf+ = N21/N2. \times 100 = 100 -$ 特异性		
相对准确度[d]/%	$(N11 + N22) / (N1. + N2.) \times 100$		

注：a.由参比方法检验得到的结果或者样品中实际的公议值结果。

　　b.由待确认方法检验得到的结果。灵敏度的计算使用确认后的结果。

　　c.N表示任何特定单元的结果数，第一个下标指行，第二个下标指列。例如：$N11$表示第一行，第一列；$N1.$表示所有的第一行；$N.2$表示所有的第二列；$N12$表示第一行，第二列。

　　d.为方法的检测结果相对准确性的结果，与一致性分析和浓度检测趋势情况综合评价。

　　本方法负责起草单位：江西省食品检验检测研究院。

　　本方法验证单位：浙江省食品药品检验研究院、四川省食品药品检验检测院、天津海关动植物与食品检测中心、南昌海关技术中心、江西省产品质量监督检测院。

　　本方法主要起草人：张威、郭平、张文中、沈泓、姚欢、兰伟、王栋、肖亚兵、占春瑞、万承波、万建春。

附录14 水产品中氯霉素残留的快速检测胶体金免疫层析法

(T/ZNZ 030—2020)

1 范围

本文件规定了水产品中氯霉素残留的免疫胶体金快速筛查检测方法。

本文件适用于鱼、虾、蟹、龟鳖、贝类等水产品肌肉等可食部分中氯霉素残留的快速筛查检测。

2 规范性引用文件

下列文件中的内容通过文中的规范性引用而构成文件必不可少的条款，其中注日期的引用文件，仅该日期的版本适用于本文件；不注日期的引用文件，其最新版本（包括所有修改单）适用于本文件。

GB/T 6682　分析实验室用水规格和试验方法

GB/T 20756　可食动物肌肉、肝脏和水产品中氯霉素、甲砜霉素和氟苯尼考残留量的测定　液相色谱-串联质谱法

GB/T 30891—2014　水产品抽样规范

农业部958号公告—13—2007　水产品中氯霉素、甲砜霉素、氟甲砜霉素残留量的测定　气相色谱法

3 术语和定义

本文件没有需要界定的术语和定义。

4 原理

本方法应用竞争抑制免疫层析原理，样品经有机试剂提取、净化、浓缩、复溶后，滴加在氯霉素免疫胶体金快速检测试剂条加样孔中，样品中氯霉素与胶体金标记的特异性单克隆抗体结合，未被氯霉素结合的抗体与检测线（T线）上的抗原反应显色，用胶体金读卡仪或目测比较板上控

制线（C线）和检测线（T线）上红色条带的有无及颜色相对深浅，对样品中氯霉素含量进行定性判定（图1）。

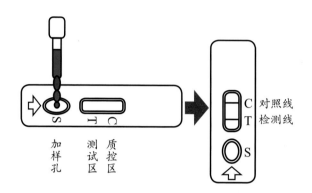

图1　免疫胶体金快速检测试剂条测定示意图

5　试剂和材料

除特殊注明外，本法所用试剂均为分析纯，水为符合GB/T 6682规定的二级水。

5.1　乙酸乙酯（$C_4H_8O_2$）

5.2　正己烷（C_6H_{14}）

5.3　氯霉素标准物质（$C_{11}H_{12}C_{12}N_2O_5$）

CAS登录号为56-75-7，分子量为323.1294，纯度≥99.5%。

5.4　氯霉素标准溶液

精确称取0.010g氯霉素标准物质（5.3），用甲醇溶解，定容到100mL，配成100μg/mL的标准储备溶液，于-18℃保存，有效期12个月。移取适量标准储备溶液，用甲醇稀释成20ng/mL中间浓度标准液，于4℃保存，有效期3个月。使用时，用水稀释中间浓度标准液，配成适当浓度的标准使用溶液，现配现用。

5.5　PBST缓冲液

溶解8.0g氯化钠、0.2g氯化钾、1.44g磷酸氢二钠（$Na_2HPO_4\cdot12H_2O$）、0.24g磷酸二氢钾、0.5mL吐温-20于800mL水中，加水溶解并定容至1000mL，过滤，经121℃灭菌15min。

5.6 氯霉素免疫胶体金快速检测试剂条

密封包装，干燥阴凉处保存，用前恢复至室温（20℃±5℃），即开即用。若试剂条需要验证时，具体方法和性能指标见附录A。本方法所述试剂、试剂条信息及操作步骤是为给方法使用者提供方便，在使用本方法时不做限定。

6 仪器和设备

6.1 电子天平

感量为0.01g和0.001g。

6.2 均质机

转速≥8000r/min。

6.3 离心机

离心力≥4000g。

6.4 氮气或空气吹干仪

加热温度≥60℃。

6.5 微量移液器

10～100μL，100～1000μL。

6.6 胶体金读卡仪（必要时）

7 测定步骤

7.1 抽样

按照GB/T 30891要求进行抽样，参考附录表B.1填写采样信息记录。

7.2 试样制备与保存

按照GB/T 30891—2014附录B规定进行各类水产品制样，将样品分割成小块后混合，用均质机制成糜状，分成检样和备样两份并做好标记，每份不少于50g。检样立即测试或−18℃以下冷冻待测，备样−18℃以下冷冻保藏，有效期不超过3个月。

7.3 提取与净化

准确称取2.00g均质后的试样，于5mL离心管中，加入3mL乙酸乙酯（5.1），剧烈振荡3min，室温下于4000r/min离心5min。移取2mL上清液，于5mL离心管中，在65℃下用氮气或空气吹干。依次加入0.3mL正己烷（5.2）和0.3mL PBST缓冲液（5.5），用滴管冲洗离心管内壁上残留物。静置分层后，吸取下层溶液待测。

7.4 测定

氯霉素免疫胶体金快速检测试剂条（5.6），恢复至室温后，从包装袋中取出，置于水平台面上。吸取7.3中待测液的下层溶液100μL，加至氯霉素免疫胶体金快速检测试剂条的加样孔中，在5～8min内读取检测结果。

7.5 质控试验

每批样品应同时进行空白试验和阴性、阳性对照质控试验。

7.5.1 空白试验。

每批样品需做一孔空白对照，以PBST缓冲液（5.5）代替试样提取液，按7.4进行。

7.5.2 阴性对照：称取空白样品，按7.3和7.4进行。

7.5.3 阳性对照：在空白样品中加入一定量氯霉素标准溶液（其含量≥检出限），按6.3和6.4进行。

8 结果判断及表述

8.1 试剂条有效性判定

8.1.1 有效检测试剂条：空白对照控制线（C线）和检测线（T线）均出现红色条带，而且T线颜色达到或深于C线（图2a），则检测试剂条有效，可进行检测。

8.1.2 失效检测试剂条：空白对照控制线（C线）不出现红色条带（图2c），则检测试剂条失效，不能进行检测。

8.2 结果和表述

8.2.1 阴性。

试样检测线（T线）出现红色条带，且颜色达到或深于控制线（C线）（图2a），为阴性。结果表述：阴性（氯霉素残留量＜检出限）。

8.2.2 阳性。

试样检测线（T线）出现红色条带，但颜色浅于控制线（C线）或检测线（T线）未出现红色条带（图2b），为阳性。结果表述：阳性（氯霉素残留量≥检出限）。

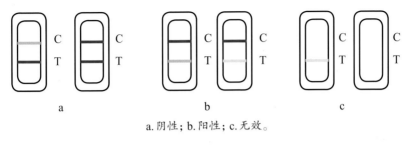

a.阴性；b.阳性；c.无效。

图2　目视判定示意图

8.3　试剂条验证

试剂条性能验证参照附录A.1执行。

8.4　试验质控要求

操作人员需经过专业培训，具备一定的相关工作经验。宜选用按8.3进行验证，结果符合附录A.2中各项性能指标的试剂条，按照说明书要求规范操作。同检测批不低于10%比例的平行样和2个阴性控制样品测定，同时加做2个阳性质控样（大于检出限和检出限各1个），进行阴性和阳性对照质控试验。当平行样的检测结果完全一致，且阴性控制样品和阳性质控样的结果准确时，判定该批检测数据有效。

8.5　试验报告

参照附录表B.2记录试验结果。

9　复检和确证

若初检结果为阳性，需要按照7、8重新检测；重复检测结果仍为阳性，需要采用参比方法确认。参比标准为GB/T 20756—2006《可食动物肌肉、肝脏和水产品中氯霉素、甲砜霉素和氟苯尼考残留量的测定　液相色谱-串联质谱法》和农业部958号公告—13—2007《水产品中氯霉素、甲砜霉素、氟甲砜霉素残留量的测定　气相色谱法》及其他符合要求的国家和行业标准。当结果判定为阳性时，以参比标准方法确证结果为最终报告值，参照附录表B.3填写。若有必要时，阴性结果样品也可采用参比标准方法确认。

附录A

（规范性附录）

试剂条验证方法和性能指标要求

A.1 验证方法

空白和添加检出限浓度的验证样品分别不少于20个，可以选择低脂鱼、高脂鱼、龟鳖、虾蟹、贝类等至少5种水产品基质。参照试剂条说明书操作，测定出现的假阴/阳性样品数量，按表A.1计算其灵敏度、假阳性率、假阴性率、特异性和准确率。

表A.1 快速检测方法性能指标计算方法

样品情况[a]	检测结果[b]		总数
	阳性	阴性	
阳性	$N11^c$	$N12$	$N1. = N11 + N12$
阴性	$N21$	$N22$	$N2. = N21 + N22$
总数	$N.1 = N11 + N21$	$N.2 = N12 + N22$	$N = N1. + N2.$ 或 $N.1 + N.2$
显著性差异（χ^2）	$\chi^2 = (|N12 - N21| - 1)^2 / (N12 + N21)$，自由度（$df$）$= 1$		
灵敏度（$p+$）/%	$p+ = N11/N1. \times 100$		
特异性（$p-$）/%	$p- = N22/N2. \times 100$		
假阴性率（$pf-$）/%	$pf- = N12/N1. \times 100 = 100 -$ 灵敏度		
假阳性率（$pf+$）/%	$pf+ = N21/N2. \times 100 = 100 -$ 特异性		
相对准确度[d]/%	$(N11 + N22) / (N1. + N2.) \times 100$		

注：a.由参比方法检验得到的结果或者样品中实际的公议值结果。

b.由待确认方法检验得到的结果。灵敏度的计算使用确认后的结果。

c.N表示任何特定单元的结果数，第一个下标指行，第二个下标指列。例如：$N11$表示第一行，第一列；$N1.$表示所有的第一行；$N.2$表示所有的第二列；$N12$表示第一行，第二列。

d.为方法的检测结果相对准确性的结果，与一致性分析和浓度检测趋势情况综合评价。

A.2　性能指标要求

A.2.1　检出限：≤0.3μg/kg或符合产品说明书中描述。

A.2.2　灵敏度≥5%。

A.2.3　特异性≥90%。

A.2.4　假阴性率≤5%。

A.2.5　假阳性率≤10%。

A.2.6　相对准确率≥95%。

附录B

（规范性附录）

水产品快速检测记录表格

水产品快速检测抽样、结果报告、复检结果等记录格式见表B.1、表B.2和表B.3。

表B.1　水产品快速检测抽样单

抽样时间：　　　年　　月　　　日　　　　　　　　　编号：

样品名称		样品编号	
受检单位			
抽样地点		抽样数量	
检测项目			
抽样费用			
受检单位对所填内容和采/抽样品有效性确认： □以上所填内容和采/抽样品真实有效 □对所填内容和采/抽样品有效性有异议 负责人（签字）： 　　　　　　（公章） 　　　年　月　日	采/抽样人员		
	行政主管人员 （签字）	抽样技术人员 （签字）	
	联系电话： 　　年　月　日	联系电话： 　　年　月　日	
备注			

注：a.本工作单由受检单位协助采/抽样人员如实填写。

　　b.受检单位负责人、行政人员和采样技术人员须分别在工作单上签字、盖章。本工作单将作为抽样组织单位与受检单位样品确认的重要依据。

　　c.本工作单一式三联，第一联交承检机构，第二联留受检单位。

　　d.需要做选择的项目，在选中项目的"□"中打"√"。

表B.2　水产品快速检测结果报告单

报告编号：

序号	样品编号	样品名称	受检单位	检测项目	项目结果	抽样人	抽样日期	检测人	检测日期
1									
2									
3									
4									
5									
6									
7									
8									
9									
10									
11									
12									
13									
14									
15									
质控结果									

检测人：　　　　　　　校对人：　　　　　　　　　审核人：

抽检单位（盖章）

年　　月　　日

表B.3　水产品快速检测阳性样品复检结果汇总单

复检机构（盖章）：　　　　　　　　　　　　　　　　上报时间：

序号	样品名称	样品原编号	被抽样单位	复检项目	复检结果	复检时间	初检机构	初检时间	备注

填报人：　　　　　　　　　审核人：　　　　　　　　　批准人：

附录15　水产品中喹诺酮类药物残留的快速检测　胶体金免疫层析法

(T/ZNZ 029—2020)

1　范围

本文件规定了水产品中喹诺酮类药物残留的免疫胶体金快速筛查检测方法。

本文件适用于鱼、虾、蟹、龟鳖、贝类等水产品肌肉等可食部分中喹诺酮类药物残留的快速筛查检测。

2　规范性引用文件

下列文件对于本文件的应用是必不可少的。凡是注日期的引用文件，仅所注日期的版本适用于本文件。凡是不注日期的引用文件，其最新版本（包括所有的修改单）适用于本文件。

GB/T 6682　分析实验室用水规格和试验方法

GB/T 30891—2014　水产品抽样规范

农业部1077号公告—1—2008　水产品中17种磺胺类及15种喹诺酮类药物残留量的测定　液相色谱-串联质谱法

3　术语及定义

本文件没有需要界定的术语和定义。

4　原理

本方法应用竞争抑制免疫层析原理。试样中喹诺酮类药物，经有机试剂提取、净化、吹干、复溶后滴加在喹诺酮类免疫胶体金快速检测试剂条加样孔中，样品中喹诺酮类药物与胶体金标记的特异性单克隆抗体结合，未被喹诺酮类药物结合的抗体与检测线（T线）上的抗原反应显色，已与喹诺酮类药物结合的金标抗体则不能与检测线上的抗原结合，通过T线后，与控制线（C线）上的二抗反应显色。用胶体金读卡仪或目测比较板上控制线（C线）和检测线（T线）上红色条带的有无及颜色相对深浅，对样品中喹诺酮类药物含量进行定性判定（图1）。

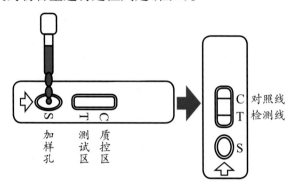

图1　免疫胶体金快速检测试剂条测定示意图

5　试剂和材料

除特殊注明外，本法所用试剂均为分析纯，水为符合GB/T 6682规定的二级水。

5.1　乙腈（C_2H_3N）

5.2　正己烷（C_6H_{14}）

5.3　PBST缓冲液

溶解8.0g氯化钠、0.2g氯化钾、1.44g磷酸氢二钠（$Na_2HPO_4 \cdot 12H_2O$）、0.24g磷酸二氢钾、0.5mL吐温-20于800mL水中，加水溶解并定容至1000mL，经121℃灭菌15min。

5.4　喹诺酮类药物标准物质

中文名称、英文名称、CAS登录号、分子式、相对分子量见表1，各组分纯度≥99%。

表1　喹诺酮类参考物质的中文名称、英文名称、CAS登录号、分子式、相对分子量

序号	中文名称	英文名称	CAS登录号	分子式	相对分子量
1	洛美沙星	lomefloxacin	98079-51-7	$C_{17}H_{19}F_2N_3O_3$	351.35
2	培氟沙星	pefloxacin	70458-92-3	$C_{17}H_{20}FN_3O_3$	333.36

序号	中文名称	英文名称	CAS 登录号	分子式	相对分子量
3	氧氟沙星	ofloxacin	82419-36-1	$C_{18}H_{20}FN_3O_4$	361.37
4	诺氟沙星	norfloxacin	70458-96-7	$C_{16}H_{18}FN_3O_3$	319.33
5	恩诺沙星	enrofloxacin	93106-60-6	$C_{19}H_{22}FN_3O_3$	359.16
6	环丙沙星	ciprofloxacin	85721-33-1	$C_{17}H_{18}FN_3O_3$	331.13

注：或等同可溯源物质。

5.5　喹诺酮类药物混合标准物质标准溶液

分别精确称取洛美沙星、培氟沙星、氧氟沙星、诺氟沙星、恩诺沙星、环丙沙星标准物质（5.4）各 0.010g，加入甲酸 2.0mL，用甲醇溶解，定容到 100mL，配成 100μg/mL 的标准混合储备溶液，于 −18℃保存，有效期 12 个月。移取适量标准储备溶液，用甲醇稀释成 20ng/mL 中间浓度标准液，于 4℃保存，有效期 3 个月。使用时，用甲醇稀释中间浓度标准液，配成适当浓度的标准使用溶液，现配现用。

5.6　喹诺酮类药物免疫胶体金快速检测试剂条

密封包装，干燥阴凉处保存，用前恢复至室温（20℃±5℃），即开即用。若试剂条需要验证时，具体方法和性能指标见附录 A。本方法所述试剂、试剂盒信息及操作步骤是为给方法使用者提供方便，在使用本方法时不做限定。

6　仪器和设备

6.1　电子天平

感量为 0.01g 和 0.001g。

6.2　均质机

转速 ≥ 8000r/min。

6.3　离心机

转速 ≥ 4000r/min。

6.4 氮气或空气吹干仪

加热温度≥75℃。

6.5 微量移液器

10～100μL，100～1000μL。

6.6 高压灭菌锅

6.7 胶体金读卡仪（必要时）

7 测定步骤

7.1 抽样

按照GB/T 30891要求进行抽样，参考附录表B.1填写采样信息记录。

7.2 试样制备

按照GB/T 30891—2014附录B规定进行各类水产品制样，将样品分割成不大于0.5 cm×0.5 cm×0.5 cm的小块后混合，均质后制成试样。将试样分成检样和备样两份，并做标记，每份不少于20 g。检样立即测试或-18℃以下冷冻待测，备样-18℃以下冷冻保藏，有效期不超过3个月。

7.3 提取和净化

称取2.00 g均质后的样品于5 mL离心管中，加入3 mL乙腈（5.1），剧烈振荡3 min，室温下，于4000 r/min离心5 min。移取2 mL上清液于5 mL离心管中，在75℃下用氮气或空气吹干。依次加入0.3 mL正己烷（5.2）和0.3 mL PBST缓冲液（5.3），加盖，上下缓慢颠倒20次。静置分层后，吸取下层溶液待测。

7.4 测定

喹诺酮类药物免疫胶体金快速检测试剂条（5.5），恢复室温后，从包装袋中取出，置于水平台面上。吸取7.3中待测液的下层溶液100μL，加至喹诺酮类药物免疫胶体金快速检测试剂条的加样孔中，在3～5 min内读取检测结果。

7.5 质控试验

每批样品应同时进行空白试验和阴性、阳性对照质控试验。

7.5.1 空白试验。

每批样品需做一孔空白对照，以PBST缓冲液（5.3）代替试样提取液,按7.4进行。

7.5.2　阴性对照:称取空白样品,按7.3和7.4进行。

7.5.3　阳性对照:在空白样品加入一定量喹诺酮类药物混合标准溶液(其含量≥检出限),按7.3和7.4进行。

8　结果判断及表述

8.1　试剂条有效性判定

8.1.1　有效检测试剂条:空白对照控制线(C线)和检测线(T线)均出现红色条带,而且T线颜色达到或深于C线(图2a),则检测试剂条有效,可进行检测。

8.1.2　失效检测试剂条:空白对照控制线(C线)不出现红色条带(图2c),则检测试剂条失效,不能进行检测。

8.2　结果和表述

8.2.1　阴性。

试样检测线(T线)出现红色条带,且颜色达到或深于控制线(C线)(图2a),为阴性。结果表述:阴性(喹诺酮类药物残留量<检出限)。

8.2.2　阳性。

试样检测线(T线)出现红色条带,但颜色浅于控制线(C线)或检测线(T线)未出现红色条带(图2b),为阳性。结果表述:阳性(喹诺酮类药物残留量≥检出限)。

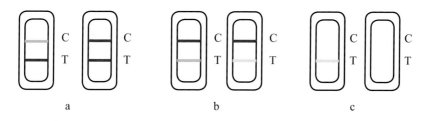

a.阴性;b.阳性;c.无效。

图2　目视判定示意图

8.3　试剂条验证

试剂条性能验证参照附录A.1执行。

8.4　试验质控要求

操作人员需经过专业培训，具备一定的相关工作经验。宜选用按8.3进行验证，结果符合附录A.2中各项性能指标的试剂条，按照说明书要求规范操作。同检测批不低于20%比例的平行样和2个阴性控制样品测定，同时加做2个阳性质控样（5倍检出限和检出限各1个），进行阴性和阳性对照质控试验。当平行样的检测结果完全一致，且阴性控制样品和阳性质控样的结果准确时，判定该批检测数据有效。

8.5　试验报告

参照附录表B.2记录试验结果。

9　结果复检确证

若初检结果为阳性，需要按照7、8重新检测；重复检测结果仍为阳性，需要采用参比方法确认。参比标准为农业部1077号公告—1—2008《水产品中17种磺胺类及15种喹诺酮类药物残留量的测定　液相色谱-串联质谱法》。当结果判定为阳性时，以参比标准方法确证结果为最终报告值，参照附录表B.3填写。若有必要时，阴性结果样品也可采用参比标准方法确认。

附录A

（规范性附录）

试剂条验证方法和性能指标要求

A.1 验证方法

空白和添加检出限浓度的验证样品分别不少于20个，可以选择低脂鱼、高脂鱼、龟鳖、虾蟹、贝类等至少5种水产品基质。参照试剂条说明书操作，测定出现的每个组分的假阴/阳性样品数量，按表A.1计算其灵敏度、假阳性率、假阴性率、特异性和准确率。

表A.1 快速检测方法性能指标计算方法

样品情况 [a]	检测结果 [b]		总数
	阳性	阴性	
阳性	$N11^c$	$N12$	$N1. = N11 + N12$
阴性	$N21$	$N22$	$N2. = N21 + N22$
总数	$N.1 = N11 + N21$	$N.2 = N12 + N22$	$N = N1. + N2.$ 或 $N1. + N2.$
显著性差异（χ^2）	$\chi^2 = (\lvert N12 - N21\rvert - 1)^2 / (N12 + N21)$，自由度（$df$）$= 1$		
灵敏度（$p+$）/%	$p+ = N11/N1. \times 100$		
特异性（$p-$）/%	$p- = N22/N2. \times 100$		
假阴性率（$pf-$）/%	$pf- = N12/N1. \times 100 = 100 -$ 灵敏度		
假阳性率（$pf+$）/%	$pf+ = N21/N2. \times 100 = 100 -$ 特异性		
相对准确度 [d]/%	$(N11 + N22) / (N1. + N2.) \times 100$		

注：a.由参比方法检验得到的结果或者样品中实际的公议值结果。

　　b.由待确认方法检验得到的结果。灵敏度的计算使用确认后的结果。

　　c.N表示任何特定单元的结果数，第一个下标指行，第二个下标指列。例如：$N11$表示第一行，第一列；$N1.$表示所有的第一行；$N.2$表示所有的第二列；$N12$表示第一行，第二列。

　　d.为方法的检测结果相对准确性的结果，与一致性分析和浓度检测趋势情况综合评价。

A.2　性能指标要求

A.2.1　检出限：诺氟沙星、培氟沙星、氧氟沙星、洛美沙星、环丙沙星、恩诺沙星均≤2μg/kg或符合产品说明书中描述。

A.2.2　灵敏度≥95%。

A.2.3　特异性≥90%。

A.2.4　假阴性率≤5%。

A.2.5　假阳性率≤10%。

A.2.6　相对准确率≥95%。

附录B

（规范性附录）

水产品快速检测记录表格

水产品快速检测抽样、结果报告、复检结果等记录格式见表B.1、表B.2和表B.3。

表B.1　水产品快速检测抽样单

抽样时间：　　　年　　月　　日　　　　　　　　　　编号：

样品名称		样品编号	
受检单位			
抽样地点		抽样数量	
检测项目			
抽样费用			
受检单位对所填内容和采/抽样品有效性确认： □以上所填内容和采/抽样品真实有效 □对所填内容和采/抽样品有效性有异议 负责人（签字）： 　　　　　　　　（公章） 　　　　年　月　日	采/抽样人员		
	行政主管人员 （签字） 联系电话： 年　月　日	抽样技术人员 （签字） 联系电话： 年　月　日	
备注			

注：a.本工作单由受检单位协助采/抽样人员如实填写。

　　b.受检单位负责人、行政人员和采样技术人员须分别在工作单上签字、盖章。本工作单将作为抽样组织单位与受检单位样品确认的重要依据。

　　c.本工作单一式三联，第一联交承检机构，第二联留受检单位。

　　d.需要做选择的项目，在选中项目的"□"中打"√"。

表B.2　水产品快速检测结果报告单

报告编号：

序号	样品编号	样品名称	受检单位	检测项目	项目结果	抽样人	抽样日期	检测人	检测日期
1									
2									
3									
4									
5									
6									
7									
8									
9									
10									
11									
12									
13									
14									
15									
质控结果									

检测人：　　　　　　　　校对人：　　　　　　　　审核人：

抽检单位（盖章）

年　　月　　日

表B.3　水产品快速检测阳性样品复检结果汇总单

复检机构（盖章）：　　　　　　　　　　　　　　上报时间：

序号	样品名称	样品原编号	被抽样单位	复检项目	复检结果	复检时间	初检机构	初检时间	备注

填报人：　　　　　　　　审核人：　　　　　　　　批准人：

附录16 水产品抽样规范
(GB/T 30891—2014)

1 范围

本标准规定了水产品及加工品抽样的术语和定义、抽样准备、样品抽取方法、抽样记录、运输及保存。

本标准适用于在养殖、捕捞、加工、销售环节中对水产品及其加工品进行生产检验、监督检验时的样品的抽取。

2 规范性引用文件

下列文件对于本文件的应用是必不可少的。凡是注日期的引用文件，仅注日期的版本适用于本文件。凡是不注日期的引用文件，其最新版本（包括所有的修改单）适用于本文件。

GB/T 2828.1—2012 计数抽样检验程序 第1部分：按接收质量限（AQL）检索的逐批检验抽样计划

GB/T 3358.2—2009 统计学词汇及符号 第2部分：应用统计

SC/T 3012 水产品加工术语

3 术语和定义

GB/T 2828.1—2012、GB/T 3358.2—2009、SC/T 3012界定的以及下列术语和定义适用于本文件。

3.1 抽样 sampling
抽取或组成样品的行为。

（GB/T 3358.2—2009，定义1.3.1）

3.2 监督抽样 audit sampling
由监督方独立对经过验收被接收的产品总体进行的、决定监督总体是否可通过的抽样。

3.3 单位产品 item
能被单独描述和考虑的一个事物。

示例：一个分立的物品、一定量的散料、一项服务、一次活动、一个人员、一个系统，或其组合。

（GB/T 3358.2—2009，定义1.2.11）

3.4　样本　sample

取自一个批并且提供该批次信息的一个或一组产品。

（GB/T 2828.1—2012，定义3.1.15）

3.5　样本量　sample size

样本中所包含的单位产品的个数。

（GB/T 2828.1—2012，定义3.1.16）

3.6　试样　test sample

制备所得的，可以用一次或数次测试或分析的样本。

（GB/T 3358.2—2009，定义5.3.11）

3.7　合格判定数　acceptance number

在计数抽样检查中，接收批的样本允许出现的缺陷数或不合格品数的上限值，又称可接收数。

3.8　破坏性检验　destructive test

检验过程中会损坏或破坏样品原有性状及性质的检验方式。

4　抽样准备

从水产品或水产加工品中抽取有代表性的样品提供检验，是保证质量评价或安全检测的质量的关键之一，应做好以下方面的准备：

4.1　计数准备

4.1.1　确定抽样目的。不同的抽样检验所采用的抽样方法不同，应明确是出厂检验、需方或供需双方的交付验收、仲裁检验及监督检验中的哪种类型的检验。

4.1.2　熟悉被检查产品的性状、质量安全的状况、生产工艺及过程控制、生产地区或生产者的情况、产品标准及验收规则。

4.1.3　明确确定检验分析的内容。包括哪些检验项目（感官、物理、化学、微生物等），检验分析是否有破坏性。

4.1.4　选择抽样方法。综合上述情况决定抽样方法、抽样检验水平、质量水平。

4.1.5　建立抽样的质量保证措施。

4.2　人员准备

4.2.1　抽样人员在抽样前应该进行培训,培训内容为:与抽样产品相关的知识和产品标准、已经确定的样品抽样抽取方法及抽样量、抽样及封样时的注意事项、样品运送过程中注意事项等。

4.2.2　每个抽样组至少两人组成,其中至少一人有抽样经验。

4.3　物资标准

4.3.1　工具器材。

4.3.1.1　根据所抽取样品性质不同,应准备以下器具:取样器(粉状样品)、温度计、定位仪、卷尺或直尺(测长度)、样品袋、保温箱(冻品或鲜品)、照相机等。

4.3.1.2　应用无菌容器盛装用于微生物检验的样品。

4.3.2　记录等文件。

介绍信、抽样人员有效身份证件、抽样表(单)、任务书、抽样细则、有关记录表或调查表、封条、文件夹、纸笔文具,以及交通图、抽样方位图(养殖区域)等。

5　样品抽取方法

5.1　样本基本要求

5.1.1　活体的样本应选择能代表整批产品群体水平的生物体,不能特意选择特殊的生物体(如畸形的、有病的)作为样本。

5.1.2　鲜品的样本应选择能代表整批产品群体水平的生物体,不能特意选择新鲜或者不新鲜的生物体作为样本。

5.1.3　作为进行渔药残留检验的样品应为已经过停药期的、养成的、即将上市进行交易的养殖水产品。

5.1.4　处于生长阶段或使用渔药后未经过停药的养殖水产品可作为查处使用违禁药的样本。

5.1.5　用于微生物检验的样本应单独抽取,取样后应置于无菌的容器中,且存放温度为0~10℃,应在48h内送到实验室进行检验。

5.1.6 水产加工品按企业明示的批号进行抽样，同一样品所抽查的批号应相同。抽查样品抽自生产企业成品库，所抽样品应带包装。在同一企业所抽样品不得超过两个，且品种或规则不得重复。

5.2 企业生产抽查抽样

5.2.1 组批规则。

5.2.1.1 养殖活水产品以同一池或同一养殖场中养殖条件相同的同一天捕捞的成品为一检验批。

5.2.1.2 水产加工以同原料、同条件下、同一天生产包装的成品为一检验批。

5.2.2 抽样方法。

5.2.2.1 养殖水产品在出厂检验时，非破坏性检验按表1的规定执行；破坏性检验的抽样在每批中随机抽取约1000g样品进行检验。

表1 抽样方法及感官检验规则

单位：个

总体量	样本量	合格判定数[a]	不合格判定数[b]
2～15	2	0	1
16～25	3	0	1
26～90	5	0	1
91～150	8	1	2
151～500	13	1	2
501～1200	20	2	3
1201～10000	32	3	4
10001～35000	50	5	6
35001～500000	80	7	8
＞500000	125	10	11

注：a.若在样本中发现不合格样品数小于或等于合格判定数，则判为该批产品为合格品。

b.不合格判定数：若在样品中发现的不合格样品数大于或等于不合格判定数，则判该批次产品为不合格品。

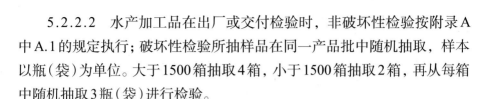

5.2.2.2 水产加工品在出厂或交付检验时，非破坏性检验按附录A中A.1的规定执行；破坏性检验所抽样品在同一产品批中随机抽取，样本以瓶（袋）为单位。大于1500箱抽取4箱，小于1500箱抽取2箱，再从每箱中随机抽取3瓶（袋）进行检验。

5.3 监督抽查检验抽样

5.3.1 非破坏性检验的抽样。

5.3.1.1 成批水产加工品在监督抽查检验时，样品抽取见附录A中的A.2。

5.3.1.2 鲜活水产品在监督抽查检验时，样品抽取及判定参见表1。

5.3.2 破坏性检验的抽样。

5.3.2.1 组批规则。

鲜活水产品及水产加工品的组批，应符合以下规定：

a）养殖活水产品以同一池或同一养殖场中养殖条件相同的产品为一检验批。

b）捕捞水产品、市场销售的鲜品以同一来源及大小相同的产品为一检验批。

c）水产加工品以企业明示的批号为一检验批。

d）在市场抽样时，以产品明示的批号为一检验批。

5.3.2.2 捕捞及养殖水产品的抽样。

捕捞及养殖水产品的抽样见表2。样品处理及试样制备参见附录B。

表2　捕捞及养殖水产品的抽样

样品名称	样本量*	检样量/g
鱼类	≥3尾	≥400
虾类	≥20尾	≥400
蟹类	≥5只	≥400
贝类	≥3kg	≥700
藻类	≥3株	≥400
海参	≥3只	≥400
龟鳖类	≥3只	≥400
其他	≥3只	≥400

注：*表中所列为最少取样量，实际操作中应根据所取样品的个体大小，在保证最终检样量的基础上，抽取样品。

5.3.2.3　生产企业的抽样。

在生产企业（养殖或加工企业）对水产品或水产加工品进行抽样，应符合以下规定：

a）每个批次抽取1kg（至少4个包装袋）的样品，其中一半封存于被抽企业，作为对检验结果有争议时复检用，一半由抽样人员带回，用于检验。

b）在生产企业抽样应抽取企业自检合格的样品，被抽样品的基数不得少于20kg；被抽企业应在抽样单上签字盖章，确认产品。

5.3.2.4　销售市场的抽样。

水产品及其加工品在销售市场进行抽样时，应符合以下规定：

a）每个批次抽取1kg或至少4个包装袋的样品，其中一半由抽样人员带回，用于检验，一半封存于被抽企业，作为对检验结果有争议时复检用，若被抽企业无法保证样品的完整性，则由双方将样品封好，双方人员签字确认后，由抽样人员带回，作为对检验结果有争议时复检用。

b）在销售市场随机抽取带包装的样品，应填写抽样单，由商店签字确认（或）加盖公章；企业应协助抽样人员做好所抽样品的确认工作，抽样人员应了解样品生产、经销等情况。

c）在销售市场抽取散装样品，应从包装上、中、下至少三点抽取样品，以确保所抽样品具有代表性。

6　监督抽查的抽样记录及封样

a）在抽样记录上要认真填写产品的名称、商标、规格、批号、抽样量、库存量、抽样基数，并准确地描述产品的性状及包装方式，以及所抽样品的运输方式。

b）应认真填写被抽企业、生产企业的名称（应为全称，与公章的名称一致）、地址、电话、传真、企业的性质及必要信息，并由抽样人员（两人）签字确认后，再由被抽单位陪同抽样人员签字确认，抽样单上应有抽样单位与被抽样单位双方的公章（当被抽单位无法盖公章时，应由确定身份的人员签字确认）。

c）所抽样品应由抽样人员妥善保管，随身带回，按产品执行规定的贮存方法进行贮存,保持样品的原始性,样品不得被暴晒、淋湿、污染及丢失。

d)封样时,应将样品置于纸箱中,封好,外加封条,至少上下各加一条,并由抽样人员签字确认后,交被抽样单位保存。

7　样品保存及运输

7.1　样品保存

7.1.1　活水产品。

活水产品应使其处于保活状态,当难以保活时,可将其杀死按鲜活水产品的保存方法保存。

7.1.2　鲜活产品。

鲜水产品要用保温箱或采取必要的措施使样品处于低温状态(0~10℃),应在采样后尽快送至实验室(一般在两天内),并保证样品送实验室时不变质。

7.1.3　冷冻水产品。

冷冻水产品要用保温箱或采取必要的措施使样品处于冷冻状态,送至实验室前样品不能融解、变质。

7.1.4　干制水产品。

干制水产品应用塑料袋或类似的材料密封保存,注意不能使其吸潮或水分散失,并要保证其从抽样到实验室进行检验的过程中的品质不变。必要时可以使用冷藏设备。

7.1.5　其他水产品。

其他水产品也应用塑料袋或类似的材料密封保存,注意不能使其吸潮或水分散失,并要保证其从抽样到实验室进行检验的过程中品质不变。必要时可使用冷藏设备。

7.1.6　微生物检验用样品。

微生物检验用样品在保存时,需注意保存样品处于无污染的环境中,要低温保存,冻品保持冷冻状态,鲜活品应尽量保持样品的原状态,保持温度0~10℃,从抽样至送到实验室的时间不能超过48h,并且要保证在此过程中,样品中的微生物含量不会有较大变化。

7.2　样品运输

7.2.1　监督抽查时，所抽样品一般由抽样人员随身带回实验室，与样品接收人员交接样品。

7.2.2　若情况特殊不能亲自带回时，应将产品封于纸箱等容器中，由抽样人员签字后，交付专人送回实验室妥善保存，待抽样人员确认样品无误后，再由实验室的样品接收人员交接样品。

附录A

（规范性附录）

抽样方法

A.1 抽样方法Ⅰ（检验水平Ⅰ，AQL＝6.5）

A.1.1 净含量等于或小于1kg时，抽样方案见表A.1。

表A.1 净含量等于或小于1kg时的抽样方案Ⅰ

单位：个

总体量（N）	样本量（n）	合格判定数（c）
≤4800	6	1
4801～24000	13	2
24001～48000	21	3
48001～84000	29	4
84001～144000	38	5
144001～240000	48	6
＞240000	60	7

A.1.2 净含量大于1kg但小于4.5kg时，抽样方案见表A.2。

表A.2 净含量大于1kg但小于4.5kg时的抽样方案Ⅰ

单位：个

总体量（N）	样本量（n）	合格判定数（c）
≤2400	6	1
2401～15000	13	2
15001～24000	21	3
24001～42000	29	4
42001～72000	38	5

总体量（N）	样本量（n）	合格判定数（c）
72001～120000	48	6
＞120000	60	7

A.1.3　净含量大于4.5kg时，抽样方案见表A.3。

表A.3　净含量大于4.5kg时的抽样方案Ⅰ

单位：个

总体量（N）	样本量（n）	合格判定数（c）
≤600	6	1
601～2000	13	2
2001～7200	21	3
7201～15000	29	4
15001～24000	38	5
24001～42000	48	6
＞42000	60	7

A.2　抽样方案Ⅱ（检验水平Ⅱ，AQL＝6.5）

A.2.1　净含量等于或小于1kg时，抽样方案见表A.4。

表A.4　净含量等于或小于1kg时的抽样方案Ⅱ

单位：个

总体量（N）	样本量（n）	合格判定数（c）
≤4800	13	2
4801～24000	21	3
24001～48000	29	4
48001～84000	38	5

续表

总体量（N）	样本量（n）	合格判定数（c）
84001～144000	48	6
14001～240000	60	7
> 240000	72	8

A.2.2 净含量大于1kg但小于4.5kg时，抽样方案见表A.5。

表A.5 净含量大于1kg但小于4.5kg时的抽样方案Ⅱ

单位：个

总体量（N）	样本量（n）	合格判定数（c）
≤ 2400	13	2
2401～15000	21	3
15001～24000	29	4
24001～42000	38	5
42001～72000	48	6
72001～120000	60	7
> 120000	72	8

A.2.3 净含量大于4.5kg时，抽样方案见表A.6。

表A.6 净含量大于4.5kg时的抽样方案Ⅱ

单位：个

总体量（N）	样本量（n）	合格判定数（c）
≤ 600	13	2
601～2000	21	3
2001～7200	29	4

续表

总体量（N）	样本量（n）	合格判定数（c）
7201～15000	38	5
15001～24000	48	6
24001～42000	60	7
＞42000	72	8

附录B

（资料性附录）

养殖及捕捞水产品的试样制备

B.1　鱼类

至少取3尾鱼清洗后，去头、骨、内脏，取肌肉、鱼皮等可食用部分，绞碎混合均匀后备用；试样量为400g，分为两份，其中一份用于检验，另一份作为留样。

B.2　虾类

至少取10尾清洗后，去虾头、虾、肠腺，得到整条虾肉，绞碎混合均匀后备用；试样量为400g，分为两份，其中一份用于检验，另一份作为留样。

B.3　蟹类

至少取5只蟹清洗后，取可食部分，绞碎混合均匀后备用；试样量为400g，分为两份，其中一份用于检验，另一份作为留样。

B.4　贝类

将样品清洗后开壳剥离，收集全部的软组织和体液匀浆；试样量为700g，分为两份，其中一份用于检验，另一份作为留样。

B.5　藻类

将样品去除砂石等杂质后，均质；试样量为400g分为两份，其中一份用于检验，另一份作为留样。

B.6　龟鳖类产品

至少取3只清洗后，取可食部分，绞碎混合均匀后备用；试样量为400g，分为两份，其中一份用于检验，另一份作为留样。

B.7　海参

至少取3只清洗后，取可食部分，绞碎混合均匀后备用；试样量为400g，分为两份，其中一份用于检验，另一份作为留样。

参考文献

［1］李志培. 禽品安全需要快速检测技术［J］. 中国食品工业，2003（7）：58-59.

［2］刘丽莉. 食品安全快速检测技术综述［J］. 食品安全导刊，2018（27）：138.

［3］MORALES M A, HALPERN J M. Guide to selecting a biorecognition element for biosensors［J］. Bioconjugate chemistry，2018，29（10）：3231-3239.

［4］TRILLING A K, BEEKWILDER J, ZUILHOF H. Antibody orientation on biosensor surfaces：a minireview［J］. Analyst，2013，138（6）：1619-1627.

［5］CHAMBERS J P, ARULANANDAM B P, MATTA L L, et al. Biosensor recognition elements［J］. Current issues in molecular biology，2008，10（1-2）：1-12.

［6］CRIVIANU-GAITA V, MICHAEL T. Aptamers，antibody scFv，and antibody Fab' fragments：an overview and comparison of three of the most versatile biosensor biorecognition elements［J］. Biosensors and bioelectronics，2016，85：32-45.

［7］LIPMAN N S, JACKSON L R, TRUDEL L J, et al. Monoclonal versus polyclonal antibodies：distinguishing characteristics，applications，and information resources［J］. ILAR journal，2005，46（3）：258-268.

［8］BRADBURY A R M, SIDHU S, DÜBEL S, et al. Beyond natural antibodies：the power of in vitro display technologies［J］. Nature biotechnology，2011，29（3）：245-254.

［9］XIONG Y, LENG Y K, LI X M, et al. Emerging strategies to enhance the sensitivity of competitive ELISA for detection of chemical contaminants in food samples[J]. TrAC trends in analytical chemistry, 2020, 126: 115861.

[10] BODER E T, MIDELFORT K S, WITTRUP K D. Directed evolution of antibody fragments with monovalent femtomolar antigen-binding affinity[J]. Proceedings of the national academy of sciences of the United States of America, 2000, 97 (20): 10701-10705.

[11] 熊颖. 基于四种信号传导体系的快速检测新方法学研究[D]. 南昌: 南昌大学, 2020.

[12] GEHRING A G, FRATAMICO P M, LEE J, et al. Evaluation of ELISA tests specific for Shiga toxin 1 and 2 in food and water samples[J]. Food control, 2017, 77: 145-149.

[13] LIU X, TANG Z W, DUAN Z H, et al. Nanobody-based enzyme immunoassay for ochratoxin A in cercal with high resistance to matrix interference[J]. Talanta, 2017, 164: 154-158.

[14] FARRANTS H, TARNAWSKI M, MÜLLER T G, et al. Chemogenetic control of nanobodies[J]. Nature methods, 2020, 17 (3): 279-282.

[15] KUSSER W. Chemically modified nucleic acid aptamers for in vitro selections: evolving evolution[J]. Reviews in molecular biotechnology, 2000, 74 (1): 27-38.

[16] WILLNER I, SHLYAHOVSKY B, ZAYATS M, et al. DNAzymes for sensing, nanobiotechnology and logic gate applications[J]. Chemical society reviews, 2008, 37 (6): 1153-1165.

[17] LAN T, FURUYA K, LU Y. A highly selective lead sensor based on a classic lead DNAzyme[J]. Chemical communications(Cambridge, England), 2010, 46 (22): 3896-3898.

[18] LI J, LU Y. A highly sensitive and selective catalytic DNA biosensor for lead ions[J]. Journal of the American chemical society, 2000, 122 (42): 10466-10467.

[19] ZHANG X B, WANG Z D, XING H, et al. Catalytic and molecular beacons for amplified detection of metal ions and organic molecules with

high sensitivity[J]. Analytical chemistry, 2010, 82（12）: 5005-5011.

[20] KIM J H, HAN S H, CHUNG B H. Improving Pb^{2+} detection using DNAzyme-based fluorescence sensors by pairing fluorescence donors with gold nanoparticles[J]. Biosensors and bioelectronics, 2011, 26（5）: 2125-2129.

[21] WEN Y Q, PENG C, LI D, et al. Metal ion-modulated graphene-DNAzyme interactions: design of a nanoprobe for fluorescent detection of lead（Ⅱ）ions with high sensitivity, selectivity and tunable dynamic range[J]. Chemical communications（Cambridge, England）, 2011, 47（22）: 6278-6280.

[22] DUAN N, GONG W H, WU S J, et al. An ssDNA library immobilized SELEX technique for selection of an aptamer against ractopamine [J]. Analytica chimica acta, 2017, 961: 100-105.

[23] DORRAJ G S, RASSAEE M J, LATIFI A M, et al. Selection of DNA aptamers against Human Cardiac Troponin Ⅰ for colorimetric sensor based dot blot application[J]. Journal of biotechnology, 2015, 208: 80-86.

[24] TORABI S F, WU P W, MCGHEE C E, et al. In vitro selection of a sodium-specific DNAzyme and its application in intracellular sensing [J]. Proceedings of the national academy of sciences of the United States of America, 2015, 112（19）: 5903-5908.

[25] ALI M M, AGUIRRE S D, LAZIM H, et al. Fluorogenic DNAzyme probes as bacterial indicators[J]. Angewandte chemie（International ed. in English）, 2011, 50（16）: 3751-3754.

[26] MANN F A, LV Z Y, GROSSHANS J, et al. Nanobody conjugated nanotubes for targeted near-infrared in vivo imaging and sensing [J]. Angewandte chemie（International ed. in English）, 2019, 131（33）: 11469-11473.

[27] LIU X, XU Y, WAN D B, et al. Development of a nanobody-alkaline phosphatase fusion protein and its application in a highly sensitive

direct competitive fluorescence enzyme immunoassay for detection of ochratoxin A in cereal［J］. Analytical chemistry, 2015, 87（2）: 1387-1394.

［28］ZHAO M J, SHAO H, HE Y H, et al. The determination of patulin from food samples using dual-dummy molecularly imprinted solid-phase extraction coupled with LC-MS/MS［J］. Journal of chromatography B, analytical technologies in the biomedical and life sciences, 2019, 1125: 121714.

［29］PICHON V, COMBÈS A. Selective tools for the solid-phase extraction of Ochratoxin A from various complex samples: immunosorbents, oligosorbents, and molecularly imprinted polymers［J］. Analytical and bioanalytical chemistry, 2016, 408（25）: 6983-6999.

［30］LAATIKAINEN K, BRYJAK M, LAATIKAINEN M, et al. Molecularly imprinted polystyrene-divinylbenzene adsorbents for removal of bisphenol A［J］. Desalination and water treatment, 2014, 52（10/12）: 1885-1894.

［31］董晶, 卢鑫, 郭威, 等. 等温扩增技术在食源性致病菌检测中的研究进展［J］. 食品与发酵工业, 2021（8）: 256-260.

［32］TSUGUNORI N, HIROTO O, HARUMI M, et al. Loop-mediated isothermal amplification of DNA［J］. Nucleic acids research, 2000, 28（12）: E63.

［33］YAMAZAKI W, KUMEDA Y, UEMURA R, et al. Evaluation of a loop-mediated isothermal amplification assay for rapid and simple detection of Vibrio parahaemolyticus in naturally contaminated seafood samples［J］. Food microbiology, 2011, 28（6）: 1238-1241.

［34］相兴伟, 郑斌, 顾丽霞, 等. 双重LAMP技术快速检测水产品中副溶血性弧菌和霍乱弧菌的方法学研究［J］. 现代食品科技, 2017, 33（1）: 253-260.

［35］CHUN H J, KIM S, HAN Y D, et al. Salmonella typhimuriumsensing strategy based on the loop-mediated isothermal amplification using retroreflective Janus particle as a nonspectroscopic signaling probe [J]. ACS sensors, 2018, 3（11）: 2261-2268.

［36］SILVA S J R D, PARDEE K, PENA L. Loop-mediated isothermal amplification（LAMP）for the diagnosis of Zika virus: areview [J]. Viruses, 2019, 12（1）: 19.

［37］WALKER G T, LITTLE M C, NADEAU J G, et al. Isothermal in vitro amplification of DNA by a restriction enzyme/DNA polymerase system [J]. Proceedings of the national academy of sciences of the United States of America, 1992, 89（1）: 392-396.

［38］WU W, ZHAO S M, MAO Y P, et al. A sensitive lateral flow biosensor for Escherichia coli O157: H7 detection based on aptamer mediated strand displacement amplification [J]. Analytica chimica acta, 2015, 861: 62-68.

［39］邓世琼，董娟，陈刚毅，等. 基于缺口酶的链置换等温扩增技术 [J]. 应用与环境生物学报, 2015（6）: 1080-1085.

［40］TRÖGER V, NIEMANN K, GAERTIG C, et al. Isothermal amplification and quantification of nucleic acids and its usein microsystems [J]. Journal of nanomedicine andnanotechnology, 2015, 6（3）: 1-19.

［41］NURITH K, CHEN P, HEATH J D, et al. Novel isothermal, linear nucleic acid amplification systems for highly multiplexed applications [J]. Clinical chemistry, 2005, 51（10）: 1973-1981.

［42］李瑞，王建昌，李静，等. 实时荧光单引物等温扩增（SPIA）技术检测大肠杆菌O157的方法研究 [J]. 现代食品科技, 2016, 32（2）: 317-322.

［43］YANG Y, YANG Q, MA X Y, et al. A novel developed method based on single primer isothermal amplification for rapid detection of Alicyclobacillus acidoterrestris in apple juice [J]. Food control, 2016, 75: 187-195.

［44］GUO X Z, YING G, SHUAI Y, et al. A new molecular diagnosis

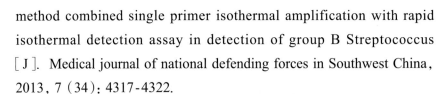

method combined single primer isothermal amplification with rapid isothermal detection assay in detection of group B Streptococcus [J]. Medical journal of national defending forces in Southwest China, 2013, 7 (34): 4317-4322.

[45] MA C P, HAN D A, DENG M L, et al. Single primer-triggered isothermal amplification for double-stranded DNA detection [J]. Chemical communications (Cambridge, England), 2015, 51 (3): 553-556.

[46] DAUBENDIEK S L, RYAN K, KOOL E T. Rolling-circle RNA synthesis: circular oligonucleotides as efficient substrates for T7 RNA polymerase [J]. Journal of the American chemical society, 1995, 117 (29): 7818-7819.

[47] FIRE A, XU S Q. Rolling replication of short DNA circles [J]. Proceedings of the national academy of sciences of the United States of America, 1995, 92 (10): 4641-4645.

[48] LIU D Y, DAUBENDIEK S L, ZILLMAN M A, et al. Rolling circle DNA synthesis: small circular oligonucleotides as efficient templates for DNA polymerases [J]. Journal of the American chemical society, 1996, 118 (7): 1587-1594.

[49] LIZARDI P M, HUANG X H, ZHU Z R, et al. Mutation detection and single-molecule counting using isothermal rolling-circle amplification [J]. Nature genetics, 1998, 19 (3): 225-232.

[50] WU H C, SHIEH J, WRIGHT D J, et al. DNA sequencing using rolling circle amplification and precision glass syringes in a high-throughput liquid handling system [J]. Bio techniques, 2003, 34 (1): 204-207.

[51] GE C, YUAN R, YI L, et al. Target-induced aptamer displacement on gold nanoparticles and rolling circle amplification for ultrasensitive live Salmonella typhimurium electrochemical biosensing [J]. Journal of electroanalytical chemistry, 2018, 826: 174-180.

[52] GU L D, YAN W L, LIU L, et al. Research progress on rolling circle

amplification（RCA）-based biomedical sensing［J］. Pharmaceuticals, 2018, 11（2）: 35.

［53］孟兆祥, 张伟, 檀建新, 等. 一种 DNA 扩增的新技术: 利用热稳定的 Bst DNA 聚合酶驱动跨越式滚环等温扩增反应［J］. 中国生物化学与分子生物学报, 2013（9）: 892-898.

［54］苑宁, 张蕴哲, 张海娟, 等. 可视化跨越式滚环扩增技术检测食品中单核细胞增生李斯特氏菌［J］. 食品科学, 2021（16）: 239-245.

［55］YANG Q, ZHANG Y Z, LI S, et al. Saltatory rolling circle amplification for sensitive visual detection of Staphylococcus aureus in milk［J］. Journal of dairy science, 2019, 102（11）: 9702-9710.

［56］张蕴哲, 苑宁, 李靳影, 等. 可视化跨越式滚环等温扩增技术检测食品中沙门氏菌［J］. 中国食品学报, 2020（9）: 304-311.

［57］BARRANGOU R, FREMAUX C, DEVEAU H, et al. CRISPR provides acquired resistance against viruses in prokaryotes［J］. Science, 2007, 315（5819）: 1709-1712.

［58］BROUNS S J, JORE M M, LUNDGREN M, et al. Small CRISPR RNAs guide antiviral defense in prokaryotes［J］. Science, 2008, 321（5891）: 960-964.

［59］CHYLINSKI K, MAKAROVA K S, CHARPENTIER E, et al. Classification and evolution of type Ⅱ CRISPR-Cas systems［J］. Nucleic acids research, 2014, 42（10）: 6091-6105.

［60］SHMAKOV S, ABUDAYYEH O O, MAKAROVA K S, et al. Discovery and functional characterization of diverse class 2 CRISPR-Cas systems［J］. Molecular cell, 2015, 60（3）: 385-397.

［61］ABUDAYYEH O O, GOOTENBERG J S, KONERMANN S, et al. C2c2 is a single-component programmable RNA-guided RNA-targeting CRISPR effector［J］. Science, 2016, 353（6299）: aaf5573.

［62］EAST-SELETSKY A, O'CONNELL M R, KNIGHT S C, et al. Two distinct RNase activities of CRISPR-C2c2 enable guide-RNA processing and RNA detection［J］. Nature, 2016, 538（7624）: 270-273.

［63］BROUGHTON J P, DENG X D, YU G X, et al. CRISPR-Cas 12-based detection of SARS-CoV-2［J］. Naturebiotechnology, 2020, 38 （7）: 870-874.

［64］PAUL B, MONTOYA G. CRISPR-Cas 12 a: functional overview and applications［J］. Biomedicaljournal, 2020, 43 （1）: 8-17.

［65］YU H, TAN Y F, CUNNINGHAM B T. Smartphone fluorescence spectroscopy［J］. Analytical chemistry, 2014, 86 （17）: 8805-8813.

［66］MEI Q S, JING H R, LI Y, et al. Smartphone based visual and quantitative assays on upconversional paper sensor［J］. Biosensors and bioelectronics, 2016, 75: 427-432.

［67］MANCUSO M, CESARMAN E, ERICKSON D. Detection of Kaposi's sarcoma associated herpesvirus nucleic acids using a smartphone accessory［J］. Lab on a chip, 2014, 14 （19）: 3809-3816.

［68］GUO J, WONG J, CUI C, et al. A smartphone-readable barcode assay for the detection and quantitation of pesticide residues［J］. Analyst, 2015, 140 （16）: 5518-5525.

［69］汤迪朋, 李周敏, 许丹科, 等. 智能手机检测蔬菜中多种农药残留［J］. 食品安全质量检测学报, 2021 （10）: 4136-4141.

［70］吴颖, 范丛丛, 苏晓娜, 等. 基于智能手机同时检测4种兽药残留的免疫芯片技术［J］. 食品科学, 2021 （2）: 278-282.

小儿常见病
推拿与食疗

主　编　陈红蕾

编　委　利玉婷　谢美凤　黄淑云

　　　　谭文慧　黎梓劲

编写秘书及插图制作　陈施君

人民卫生出版社

·北　京·

图书在版编目（CIP）数据

小儿常见病推拿与食疗 / 陈红蕾主编 . —北京：
人民卫生出版社，2021.12 （2024.9重印）

ISBN 978-7-117-32260-7

Ⅰ.①小…　Ⅱ.①陈…　Ⅲ.①小儿疾病–常见病–按
摩疗法（中医）②小儿疾病–常见病–食物疗法　Ⅳ.
①R244.1②R272.05

中国版本图书馆 CIP 数据核字（2021）第 210670 号

人卫智网	www.ipmph.com	医学教育、学术、考试、健康，
		购书智慧智能综合服务平台
人卫官网	www.pmph.com	人卫官方资讯发布平台

小儿常见病推拿与食疗

Xiaoer Changjianbing Tuina yu Shiliao

主　　编：陈红蕾
出版发行：人民卫生出版社（中继线 010-59780011）
地　　址：北京市朝阳区潘家园南里 19 号
邮　　编：100021
E - mail：pmph @ pmph.com
购书热线：010-59787592　010-59787584　010-65264830
印　　刷：北京顶佳世纪印刷有限公司
经　　销：新华书店
开　　本：787×1092　1/16　　印张：10
字　　数：256 千字
版　　次：2021 年 12 月第 1 版
印　　次：2024 年 9 月第 2 次印刷
标准书号：ISBN 978-7-117-32260-7
定　　价：50.00 元